湛庐 CHEERS

与最聪明的人共同进化

HERE COMES EVERYBODY

CHEERS
湛庐

人类前史

The Pleistocene Social Contract

Culture and Cooperation in Human Evolution

[澳] 金·斯特瑞尼 Kim Sterelny　著
陈付强　译

浙江科学技术出版社 · 杭州

文化与合作，在人类演化历程中扮演了什么角色？

扫码加入书架
领取阅读激励

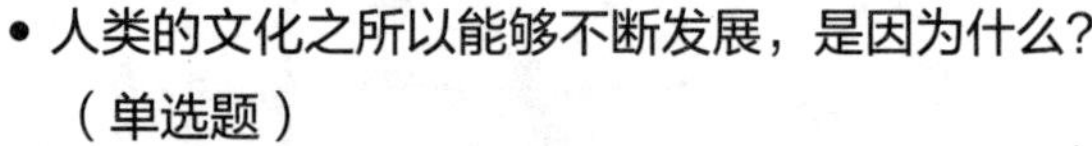

- 人类的文化之所以能够不断发展，是因为什么？（单选题）

  A. 每个人都会自己创造新的知识

  B. 人类能运用工具并精进技能

  C. 人类通过演化变得越来越聪明

  D. 知识和技能可以通过学习代代相传，并不断改进

扫码获取全部
测试题及答案，
了解人类演化中的
文化基因与社会算法

- 现代人类比古人类更善于合作，是因为什么？（单选题）

  A. 现代人类的智商更高

  B. 现代人类演化出了更强的同理心

  C. 文化的进步让社会规则变得更加完善

  D. 现代人类比古人类有更多合作的需要

- “农业革命”对合作更重要的影响是什么？（单选题）

  A. 减少了社会中的合作需求

  B. 促进了更大规模的社会合作

  C. 使得资源分配得更加均衡

  D. 使人们在认知上远离了“个人主义”

扫描左侧二维码查看本书更多测试题

致每个写作的深夜，还有那些陪伴在我的哲学生涯中的猫：黑格尔、撒旦、斯加夫、小斯加夫、阿尔忒弥斯、莫斯兄弟、迪瓦、普雷塔和科莉特。爱你们，想念你们！

前 言

穿越 258 万年，重新审视更新世“社会契约”

著书立作总是有很长的筹备期，这本书也不例外。我在 20 世纪和 21 世纪之交时开始思考人类社会的演化，主要是为了回应约翰·梅纳德·史密斯（John Maynard Smith）和伊尔斯·萨思麦利（Eors Szathmary）的《演化中的重大转变》（*Major Transitions in Evolution*）中的问题。当时，我的核心兴趣是宏演化（macroevolution）和可演化性（evolvability），我在这方面做了非常多的工作。《演化中的重大转变》认为，人类社会生活的出现是迄今为止的演化过程中最后一次重大转变。而我最初的想法是以古人类的演化作为案例来探索宏演化问题和演化中的重大转变。可惜的是，研究这个案例几乎占据了整个写作过程，在将近 20 年的时间里，我花费了太多时间将骷髅从古人类的“壁柜”里挖出，而阐述理论却略显仓促。我利用生态位构建和适应可塑性在演化变异中的重要性，以及非基因遗传的性质和作用等观点，尝试阐明作为类人猿的一种，人类成为如此独特的类人猿的演化轨迹。在《敌对世界中的思想》（*Thought in a Hostile World*）一书的末尾，我大致勾勒出了这个观点的雏形，即父母代的下游生态位构建塑造了下一代的发育环境，从而使人类的进一步转变成为可能。《演化的学徒》（*The Evolved Apprentice*）一书进一步充实了这个观点，且在最后又简要介绍了更新世晚期古人类生活的转变。本书则更全面地探讨了这一转变，同时重新审视并丰富了古人类在更新世早期的“前传”，以揭示更新世晚期古人类觅食生活的复杂性。

这是一段漫长的新石器时代之旅，和大多数旅行者一样，我在旅途中得到了很多帮助。我的两位博士后，本·杰弗斯（Ben Jeffares）和布雷特·考尔科特（Brett Calcott）为我早期的工作提供了很多帮助。杰弗斯对古人类演化的重大突破的怀疑态度启发了我。考尔科特对合作利益和合作稳定性做了明确的划分，他的研究影响了我对合作的看法。许多理论性工作，以及几乎所有的实验经济学工作，都假定合作利益的存在是毫无疑问的，但是为什么在欺骗出现时，合作稳定性（当稳定性存在时）依旧可以保持，这一点是需要解释的。考尔科特及在他之后的乔纳森·伯奇（Jonathan Birch）认为，关于这一点的认识是完全错误的，他们认为让合作发挥作用需要有影响力的社会和认知工具，而这些工具的存在才需要解释。

在本书的整个写作过程中，我的观点在很大程度上归功于我与彼得·戈弗雷－史密斯（Peter Godfrey-Smith）、拉塞尔·格雷（Russell Gray）和塞西莉亚·海斯（Cecilia Heyes）的定期交流。戈弗雷－史密斯对我的特殊影响主要源于他对达尔文种群的研究，以及他对达尔文种群的范例和边缘案例的区分。这让我对文化的群体选择持更加怀疑的态度，也让我对古人类演化轨迹的原因倾向于更个人化的解释。同时他也是本书写作过程中最常出现和最敏锐的评论家。后来，罗恩·普拉纳（Ron Planer）也加入了这本书的“评论家”的行列，他有一个额外的优势，那就是他对我所从事的古人类学有着非常深刻的了解，可以说他对本书的出版贡献很大。而格雷教会了我多从系统发育和对比的角度来思考问题，也许还稍微缓和了我关于原生适应主义（native adaptationism）的尖锐言论。和海斯一样，格雷也鼓励我进一步使用情景测试和情景构建的方法。除让我对可测试性的方法更敏感之外，海斯自己的工作也非常具有挑战性，她阐明了一种观点，即基于基因的认知适应在古人类演化中发挥的作用很小。近几年，彼得·希斯科克（Peter Hiscock）的观点也对我产生了很大的影响，尤其是他对古人类演化史的方向模型所持的深刻怀疑的态度。尽管如此，本书的整体框架还是有方向性的，但从另一个角度来说我希望本书能对方向性的“错觉”有适当的敏感性，因为这种“错觉”很容易在材料记录中由时间偏差产生。最后，本书的最后一章很大程度上要归功于特雷弗·沃特金斯（Trevor Watkins），是他一手将我从旧石器时代拉到了新石器时代，并让我直面新石器时代的挑战。

在过去的20年里，我在事业和家庭方面都非常幸运。最初，我同时在惠灵顿维多利亚大学和澳大利亚国立大学任职。这两所学校都很支持我，环境很友好，工作氛围也轻松，而且有一群有能力且敬业的学生。在过去的 10 年里，我大部分时间待在澳大利亚国立大学，这是一个很棒的研究基地，优秀的同事、大量的研究生和定期来访的学者进一步丰富了我的知识。我也非常感谢澳大利亚研究理事会（Australian Research Council）长期对我的研究给予了慷慨的资金支持。这使我有能力招收很多优秀的博士后，比如布雷特·考尔科特、本·弗雷泽（Ben Fraser）、杰丝·伊赛罗（Jess Isserow）、贾斯汀·布鲁纳（Justin Bruner）、罗恩·普拉纳、安东·基林（Anton Killin）、马特·斯派克（Matt Spike）。我的家人同样也对本书的完成提供了很大的帮助。正如我所有朋友所认为的那样，我非常幸运地选择了梅拉妮·诺兰（Melanie Nolan）作为我的终身伴侣。虽然个中因素不足与外人道，但值得一提的是，梅兰妮比我更专注于研究。所以，当我沉溺于办公室或实验室时，她从来不会反对。同样，我们的女儿凯特也对我这些奇怪的研究十分包容，事实上，她自己也曾涉足这些学术领域。

最后，我要特别感谢那些在本书的写作过程中阅读和评议本书的人：乔纳森·伯奇、卡尔·布鲁塞（Carl Brusse）、基娅拉·费拉里奥（Chiara Ferrario）、彼得·戈弗雷－史密斯、塞西莉亚·海斯、彼得·希斯科克、蒂姆·卢恩斯（Tim Lewens）、罗斯·佩因（Ross Pain）、罗恩·普拉纳、金·肖－威廉姆斯（Kim Shaw-Williams）和朱尔里·维特芬（Joeri Witteveen）。

THE PLEISTOCENE SOCIAL CONTRACT

目　录

第 1 章

文化工具：古人类的合作密码

THE PLEISTOCENE SOCIAL CONTRACT

简言之：试图弄清楚我们祖先的生活方式，
以及这些生活方式如何成为
我们生活方式的基础和跳板，
这项任务具有挑战性，
但也并非毫无希望。

THE PLEISTOCENE
SOCIAL CONTRACT

考古证据：重构古人类的生活拼图

本书将介绍人类谱系中两个非常独特的特征的起源、详细内容和相互作用：人类对合作的依赖以及人类对文化的依赖。和许多其他特征一样，人类与其他灵长类动物在这两个特征上有很大的差异。在我看来，这些差异的形成是由类人猿种群中一些起初很小的差异的正反馈引发的。这些差异包括直立行走、因果推理和社会推理能力的提高、生殖合作、对工具的依赖程度的提高、饮食和觅食方式的改变。这些生活方式的微小差异相互作用，让人类与其他类人猿渐行渐远。与许多人不同，我并不认为人类的独特之处是建立在某个关键的、与众不同的创新的基础上的：不是语言，不是理解能力，也不是一种独特的认知机动性（Mithen，1996；Deacon，1997；Tomasello，2014）。本章将从对一些方法论的评论开始，随后对分析的实证基础提出一些注意事项，最后对总体框架进行简要概述。

本书主要以叙事的形式展开，故事从我们遥远的过去，即人类谱系（统称为古人类[①]）与其姊妹谱系（两种黑猩猩）分化后不久开始。这种叙事不仅仅是一部简单的编年史式的叙述，而且提供了更加全面、深入的阐释，更确切地说，书中充满了关于推动人类演化轨迹的因素的因果论断，并探讨了这些推动因素的相对重要性。然而，由于故事开始于遥远的过去——距今600多万年前，我们有理由怀疑，任何试图重建早已灭绝的古人类的行为和生活方式的尝试都只是毫无根据的猜测。事实上，有些人对演化叙事，尤其是对人类演化叙事持嘲讽态度，他们认为这些“演化故事”都源于人们的“拼凑”，这些故事很容易被虚构出来，听起来似乎也很合理，却无法被验证（Gould & Lewontin，1978）。

这种怀疑并非空穴来风。古生物的痕迹已经消失殆尽，越古老的生物，留下的痕迹就越稀少。那些遗留的痕迹必须通过理论得到解释，但理论本身也存在争议。即便如此，我认为本书的演化叙事还是详细、连贯和基于实证的。它确定了多个因果关系链，将觅食策略、社会结构、生活史、繁殖策略和代际文化学习[②]联系起来。对其中一种因素的描述，限制和影响了对其他因素的描述。这种一致性，即这些独立但又因果相连的因素之间

① 我将使用“古人类”（hominins）来表示这个谱系的所有成员；使用“人类”（human）作为一个非正式的术语，来描述这个谱系中晚期的、脑容量更大的那些成员。——译者注

② 部分学者将“文化学习”作为一些高等生物社会学习的术语，但我把“文化学习”和“社会学习”等同起来使用。

的相互契合程度，是复杂演化叙事的重要制约，任何关于古人类起源的叙事都必须具备一致性的特征。此外，这种叙事很多都是基于实证的：如果叙事是正确的，它就可以预测祖先留下的痕迹中的模式。例如，一个因果假设将定居群体之间的社会联系增加这一社会转变，与更可靠的文化传播信息的保存关联起来。如果这个因果假设成立，那么社会转变的迹象应该与信息资本更可靠地保存和扩展的迹象一致。这两种情况的痕迹往往是微弱或模糊的，但并没有完全消失。以我在其他地方用过的一个类比为例，在派遣一名卧底特工时，情报部门必须为他编造一份“传记”，以表明这名特工过去身份“清白”。传记越复杂和合理，编造起来就越困难。且传记越复杂，特工要记住的细节就越多，保持细节的一致性就越困难。同样，传记容易受到外部检查的点越多，就越难以编造。与被有些人嘲讽的不可靠的叙事相反，有大量数据支撑的、丰富连贯的叙事其实并不容易构建，这种叙事虽然存在空白，并会受制于未来的发现，但它并不是一个拼凑的故事。[①]

总的来说，本书使用的解释框架的实证基础反映了考古学界和古人类学界的共识，但也存在一些共识之外的观点。这里展示的人类演化的图景，以及文化与合作之间的相互作用，是建立在关于人类历史的三种有争议的观点之上的。第一种观点认为，在遥远的过去，可能远至 180 万年前，我们的祖先是

① 有关此论点的更广泛版本，请参见 Currie & Sterelny，2017；有关对历史科学的进一步辩护，请参见 Currie，2018。

出色的、乐于合作的猎人。第二种观点认为，通过对援助的交换，人类合作的性质在大约15万年前至10万年前发生了转变：从基于集体行动的合作演化为基于互惠交换的合作。这一观点并没有引发多少争议和探讨。在我看来，这种经济转变最初在非洲更为明显，随后，世界其他地区也发展出一种互惠经济。第三种观点认为，直到1.2万年前的全新世，群体间的暴力威胁才在构建人类社会生活中发挥主要作用。在遇到相关问题时，我将就此阐释我的观点。

虽然这里提出的叙事不仅仅是猜测，但不可否认的是，历史记录存在着大量空白，早期的古人类的历史记录尤其如此。即便如此，实证记录也比人们想象的要丰富一些。例如，人类演化的化石记录比黑猩猩的丰富得多，不同的化石记录会告诉我们关于人类和黑猩猩这两个谱系的不同分布和栖息地的一些重要信息。古人类化石提供了关于古人类生活方式的丰富信息：他们的饮食；他们的身体能力，如直立行走的古人类与那些仍在树上度过大量时间的古人类相比，其手、脚和肩部结构均有所不同；他们的栖息地偏好，在古人类死亡的地方发现的化石就可以反映这一点；他们在大陆上成功扩散的轨迹；他们的生活史，如牙齿有时会揭示古人类性成熟的年龄，同位素数据可以告诉我们一些关于古人类饮食甚至移动模式的信息（Lugli, Cipriani et al.，2019）；化石有时甚至可以揭示社会组织的存在。例如，有的化石表明受伤或生病的人曾依靠他人照顾得以幸存，[①]有的化石则表明某些古人类因遭受暴力而死亡。除了化石本身，有证据显示，300 多万年前古人类就有了物质文化并开始利用这种文化。这些证据大部分直接来自他们留下的遗址（他们的墓穴、营地、工作场所），也来自他们磨损的工具。不幸的是，这些证据受到三个重要方面的限制。第一，除非走大运，否则我们只能发现普通的人工制品和古人类活动的证据，而且时间越久远，我们的发现就越普通。第二，随着时间的推移，这些遗址会消失或退化，但不是同步消失或退化，可能存在一些偏差。例如，许多更新世的海边遗址现在都在水下。第三，除了极少数例外，我们只能发现古人类对坚硬材料的加工痕迹和一些坚硬的残骸。对我们来说，石器技术既具有启发性又非常重要。一方面，制造石器既困难又危险，因为敲击石头会使锋利的碎片四处乱飞。另一方面，这也让石器制造者有机会接触到其他材料。木材、皮革和纤维可以与石头一起加工，但这些较软的材料不能用来改造其他软材料。因此，石器技术是一项关键技术。

300 万年前的遗址确实可以证实 300 万年前存在古人类，但只有在理论和模型的帮助下，我们才能知道过去的痕迹代表了什么（Currie，2018）。一些理论非常具体，如人工火和自然火之间的化学和物理差异；有的理论则更为通用，如觅食经济，或者不

① 有证据表明，早在 150 万年前，就有某个无法觅食或保护自己的患病个体获得了照顾（Spikins，Rutherford et al.，2010）。

同风险管理方式下的成本和收益。利用理论和模型解析痕迹的作用，能使我们的证据基础得以扩展，因为这些理论本身必须经过当前及不久前的观察结果得到检验和校准。其中一些观察结果来自实验：某种石器可以切割什么？物体被切割后的边缘是什么样子？猎物先被宰杀又被鬣狗啃咬之后，它的一块骨头会是什么样子？反过来，先被啃咬后被宰杀的猎物的骨头又是什么样子？扔出的木制长矛能穿透斑马皮吗？多远才能穿透（Churchill，1993；Churchill & Rhodes，2009；Salem & Churchill，2016）？另一些观察结果则来自某些已知族群的觅食者和其他小规模社会。举例来说，我们之所以观察非洲南部的布须曼人[①]或东非的哈扎人（Hadza），并不是因为他们是更新世生活方式的活化石。相反，正如弗兰克·马洛（Frank Marlowe）在研究哈扎人时所说，这是因为观察这些人得到的信息检验和校准了我们关于觅食经济学和觅食生态学的通用模型（Marlowe，2010）。在建立这些通用模型时，觅食者经验的多样性是很重要的。罗伯特·凯利（Robert Kelly）的出色调查更强调了这种多样性（Kelly，2013），它对于阐明觅食经济和社会组织对环境变化的反应至关重要。反过来，这些通用模型同样可以指导我们解析古人类留下的痕迹。例如，我们可以从古人类历史中了解到，在许多环境中，即使是最熟练的猎人，大多数的狩猎也是失败的。在这些环境中，资源收集是

① 布须曼人（Bushman）又称桑人（San），是非洲最古老的土著居民，以狩猎和采集为生。作者在原文中同时使用了 Bushman 与 San 两个名字，为避免混淆，书稿中统译作布须曼人。——译者注

至关重要的，这可能意味着当时已经存在某种形式的劳动分工。同样，我们也可以依靠已知族群的生态经济来估计古人类觅食团体的活动范围（Kelly，2013）。我们不能想当然地认为上新世和更新世的觅食经济与现代经济一样，但如果确信它们是不同的，我们需要确定是什么因素导致它们不同。

简言之，试图弄清楚我们祖先的生活方式，以及这些生活方式如何成为我们当今生活方式的基础和跳板，这项任务具有挑战性，但也并非毫无希望。

本书以我以前的研究工作为基础，即关于人类社会生活的演化、支持各种形式的社会生活的认知能力的研究。本书尤其依赖人类认知具有可塑性这一观点。人类有能力获得没有特定基因对应的新技能，并且可以重新定位现有的认知回路以适用于新的目标。这种适应可塑性可以使我们的祖先获得新的能力，这些能力有时非常重要，足以重塑我们祖先的生态位[①]，制造石器和人工取火或许就是改变生态位的新技能。一旦生活方式改变，作用于这些古人类的自然选择的压力也会改变，并最终改变他们的基因构成。这一过程在古人类演化过程中不断重复。所以我同意，基因 - 文化协同演化（gene-culture coevolution）是人类生物学的

① 生态位指一个种群在生态系统中，在时间、空间上所占据的位置及其与相关种群之间的功能关系与作用，表示生态系统中每种生物生存所必需的生境的最小阈值。——编者注

基础，并通常以与人类认知相关的方式，通过行为创新发生改变。这种行为创新是人类适应可塑性的表现。用韦斯特－埃伯哈特（West-Eberhart）的话说，基因是表型变化的追随者，而不是领导者。这种观点虽然还不是主流观点，但也不再那么“离经叛道”（Heyes，2018；Anderson，2014）。基于古人类具有可塑性的假设，我提出两个新的观点：一个是关于合作；另一个是关于文化及文化与合作的协同演化。

本书围绕一个独特的四阶段模型展开叙述，每个阶段都以同时代生命体所依赖的独特的合作形式为标志。第一阶段的标志是优势等级（dominance hierarchy）制度的压制，这种制度是早期古人类从类人猿祖先那里以某种形式继承下来的。优势等级制度的压制使依靠集体行动来稳定和扩大觅食成为可能。该论点与迈克尔·托马塞洛（Michael Tomasello）的观点部分一致，他也认为具有即时回报的集体行动在古人类演化中发挥了基础作用（Tomasello, Melis et al.，2012；Tomasello，2016）。第二阶段是从以即时回报互助（mutualism）为基础的觅食经济，向直接和间接互惠（reciprocation）越来越重要的觅食经济过渡。这种形式的合作虽然仍然非常有利可图，但其稳定性更依赖于新的文化和认知工具。第三阶段是随着定居群体彼此联系，更大的群落形成了，合作的社会和空间规模随之扩大，它与第二阶段是通过人为的理论分析来区分的，而不是通过时间自然区分的。然而，我们将在第 3 章中看到，合作的社会和空间规模的扩大，甚至对日常互动圈子之外的人被动忍让，带来了新的问题。如果古人类的社会组织与黑猩猩的定居群体大致类似，那么他们就会对外来者感到极度不安，在这一阶段这个问题会更加明显。因为人类定居群体是开放的，而不是封闭的。在第三阶段，随着古人类定居群体彼此联系增加，更大的关系网逐渐形成，这些关系网至少在某些情况下，能比觅食群体在更大范围内解决合作和集体行动的问题。关于这种转变的基线和时间有许多不确定因素，但在第 3 章中，我会进一步描述这种转变。第二阶段和第三阶段的转变都没有受到太多关注。相比之下，第四次转变，即等级社会的重新建立，受到了很多关注。在这一阶段，尽管存在不平等，但合作仍在继续，甚至扩大。人们如此关注第四阶段并不奇怪，正如我们将在第 2 章中看到的那样，严重不平等与继续合作的并存确实令人费解。本书借鉴了雷・凯利（Ray Kelly）、罗伯特・凯利和布赖恩・海登（Brian Hayden）的观点（Kelly，2000，2013；Hayden，2014，2018），并提供了我自己的解释，但在许多重要方面，我与他们持不同观点。本书十分重视优势等级制度的早期演变，以及与之相关的社会规范和习俗有倾向性的代际传递。此外，本书还强调，自下而上的集体行动的机会是有限的，并解释了这些机会如此有限的原因。

这种对合作的增长和转变的分析是与文化和文化演化联系在一起的。这种表述建立在《演化的学徒》（Sterelny，2012）的分析之上。我的观点部分出于一个近乎普遍的共识，即在人类谱系中，文化学习是累积的，这是晚期古人类与其他几乎所有动物在文化学习方面的关键区别。我也接受这样一种共识，累积文化的一种形式，即现有能力的渐进式改进，取决于信息的高质量代际传递。然而，我在两个相关的问题上有不同的看法：我认为，高质量的文化学习并不依赖于特定的认知适应，而且信息的高质量代际传递对累积文化的重要性被夸大了。

首先，我对累积文化依赖于某一种特定的认知适应持怀疑态度。此处的认知适应是一种使累积文化成为可能的认知突破。因为在我看来，信息的高质量代际传递并不依赖于高质量的个体学习。例如，让一名亚成体学习制作黏合剂（但这种黏合剂只能通过精确的程序进行制作），然后让他学习用这种黏合剂将物品点粘在木柄上。这名亚成体可能有很多机会观看专家的示范，并偷偷地从同伴那里获取信息。因为在觅食者的生活中，很多事情都发生在公众视野之下（Hewlett, Hudson et al.，2019）。这名亚成体可能有很多机会去尝试，并通过试错补充来自社会的信息。即使在特定的学习过程中，信息中也有很多杂音，但如果下一代从社会或者他们的长辈那里获得提示，有能力发现自己的错误，并且能得到动力和外力的支持来发现和纠正错误，那么信息的代际传递也可以是高质量的。所以一个重要的观点是，实现信息高质量代际传递的路径有很多。因此，渐进式改进的累积文化并不依赖于文化学习的某些特定的认知适应的前期演化。我不认为准确的模仿学习或集体意向性（collective intentionality）是几代人累积文化知识的必要先决条件。很有可能，随着文化学习在古人类生活中变得越来越重要，基因－文化协同演化使人类的心智适应了这些新的需求，让我们变得更擅长文化学习。即便如此，在这些认知适应之前，文化和累积文化在人类谱系中已经很重要。

其次，信息的高质量代际传递对累积文化的重要性被夸大了，它只对一种形式的累积文化必要。累积文化常常被描述为对复杂适应能力的基因演化，因此常常只被视为现有能力的渐进式改进（Tomasello，1999；Tennie, Braun et al.，2016；Tennie, Premo et al.，2017）。这种描述过于狭隘，会导致人们过度关注模仿能力，并将其作为累积文化所依赖的关键认知能力。尽管托马塞洛和克劳迪奥·坦尼（Claudio Tennie）致力于模仿的研究，但他们通过“潜在解决方案区域”（Zone of Latent Solutions，ZLS）的概念，为累积文化演化的另一种更广泛的概念引入了一个生动的比喻。

如果一个主体通过个体学习就可以轻松地获得一种能力，哪怕这种能力实际是通过社会学习获得的，那么其就在潜在解决方案区域内。对更新世的古人类来说，如果大多数人在幼年时就从母亲那里知道了附近水坑的位置，那么了解附近水坑的位置的分布情况肯定在他们的潜在解决方案区域内。显然，一种只能通过社会学习获得的复杂能力是在潜在解决方案区域之外的。因此，我们可以认为普通文化学习和累积文化学习之间的区别是：累积文化学习使主体能够获得明显超出其潜在解决方案区域的能力，而在动物谱系中广泛存在的普通文化学习，只能使这些动物在潜在解决方案区域内找到解决方案，因为用这些方案解决问题可能更快或风险更小。重要的是，累积文化的概念是通过渐进式改进来逐渐增强能力，以及使主体获得其在潜在解决方案区域之外的能力，这两者并不相同。虽然大多数能力或技术都是渐进式改进的结果，但可能都在主体的潜在解决方案区域之外，反之则不然。我们的许多能力只有通过更高效的文化学习才能获得。觅食者对自己领地内自然历史知识的丰富了解就是最重要的例证：他们的信息存储中的任何一项都很有可能通过个体学习被习得，但想要通过个体学习习得他们的全部知识是不可能的。同样，文化学习让主体能够将不同领域的信息汇集和整合到一起并相互促进（Muthukrishna & Henrich，2016），而在这种了解世界的过程中，劳动分工就是一种强有力的工具。累积文化学习将更广泛的学习、渐进式改进和新型重组三者相结合。这是另一个理由，可以反驳累积文化学习建立于某种单一、特定的认知适应之上的观点。

本书的其余部分描绘了一种动态图景，在这种动态中，人类谱系中文化学习的扩展，包括更广泛意义上的累积文化学习，为谱系中合作的扩展和转变提供了支持。而且，这些新的合作形式反过来又使文化学习更加强大，使其对人类生活方式的影响更加广泛。这就是文化与合作协同演化。

简言之，本书的论点基于以下观点而展开：大型狩猎在人类演化的早期非常重要，但群体之间的暴力行为在演化后期才成为群体的严重威胁；人类独特的合作形式出现的四阶段模型；文化学习（包括累积文化学习）在演化早期很重要，但不依赖于特定目的的认知适应。现在你已经知道前方是什么，哪些是新观点，哪些是有争议的观点。那就让我们开始吧！

文化工具的双重使命：合作与防欺骗

当各个主体共同行动时，通常会产生协同效应。他们的集体产出会大于像孤狼一样的个体行动产出的总和。在这种情况下，合作是可以获益的。这种获益可以是集体行动的结果：一群麝牛联合起来一致行动，可以击退狼群的袭击，而对任一麝牛来说，单独面对狼群都是极其危险的；同样，相对于一只狼来说，一群狼杀死一头牛会更加安全。获益也可以是优势互补和劳动分工的结果。社会性昆虫群落体现了集体行动的力量，但在劳动分工和等级分化的调节下，这种群落内部也存在着大量的个体行动。在许多觅食社会中，劳动的性别分工对集体是有益的，因为它使两性能专门针对不同地方的不同的目标，选择合适的工具和技能（O’Connell，2006）。如果两性都以同样的资源为目标，这些资源会消耗得更快，而其他资源则无人问津。从防范环境中不可预测的变动的角度来看，合作有助于风险管理。如果一个群体允许另一个群体的人在其歉收的年份到自己的领地内觅食，作为回报，这个群体也有权在自己歉收的年份到对方的领地内觅食，这样双方都可以抵御环境风险。如果“你”在“我”生病或受伤时与“我”分享资源，而“我”也会在相同情况下与“你”分享，那么“我们”都会得到保护。任何特定形式的合作都必须能够解释为什么这种合作可以获益，以及这种形式的合作是如何从一种不合作或合作较少的状态逐渐发展起来的。这就是利益产生问题。

合作的定义也必须能够解释为什么合作是稳定的。众所周知，在许多合作互动中，虽然相比于所有主体都不合作的情况，他们都合作会获益更多，但如果某个主体不合作而其他主体都合作，那么，这个主体会比其他主体获益更多。因为合作行为通常有成本，如风险成本、体能成本、机会成本。然而，合作互动的获益通常并不要求每个获益主体必须承担他们所应分担的全部成本。事实上，在集体行动中，如果存在一些冗余（例如，不是每只狼都必须在正确的时间出现在正确的地点），获益的结果会更加稳健。否则，集体行动只有在完美协调的情况下才能获益（Birch，2012）。著名的演化诱惑——背叛或搭便车行为（free-ride）由此产生，即自己受伤时接受帮助，别人需要帮助时却吝于付出。这就是利益分配（distribution-of-benefit）问题（Calcott，2008）。一旦有主体开始欺骗他人，其他主体也会这样做，合作就会受到破坏。利益分配必须能激励进一步的合作，这些不受控制的搭便车行为对合作的负面影响让现代社会深陷迷局。在大型的人类社会世界中，我们依赖合作来获取几乎所有的生活必需品（Seabright，2010）。然而，这也是一个高度不平等的世界，在这个世界里，少数精英攫取了巨大份额的社会盈余。矛盾的是，现代社会似乎将广泛的合作与猖獗的搭便车行为结合在一起。我们将在第 4 章中解开这个谜题。

虽然合作失败的次数多得惊人，但现代人类显然已经解决了利益产生和利益分配这两个问题，尽管是以片面或者错误的方式解决的。与大多数哺乳动物甚至灵长类动物相比，人类非常善于合作。从漫长的人类演化史来看，这一点千真万确，几十万年甚至是几百万年以来，人类一直是负责任的合作者。本书讲述的是在解决利益产生和利益分配这两个问题的过程中古人类文化所起到的作用。在人类的整个演化史中，随着合作更加普遍，人类变得更加依赖文化；随着文化印记的加深，人类变得更加乐于合作。而古人类就是极具合作精神且极具文化内涵的灵长类动物。

现代人类的文化内涵非常丰富。我们对自己的身份认知与我们所处的社会群体的历史、习俗、传说和集体经历复杂地纠缠在一起。我们不仅仅生活在特定的集体，且自觉地认同我们所属的集体，并通过服装、口音和其他标志来彰显这种认同。我并不否认这种丰富的文化意识的重要性，[①]但本书主要是在更世俗的意义上论述文化。我们所知道的，我们所相信的，我们所能做的，甚至在很大程度上我们想要的，都是从其他古人类那里学来的。在大约700万年[②]的古人类历史中，文化学习在古人类脑中留下了越来越深刻的印记。从这个意义上说，我们已经变得越来越“有文化”了。

当博学者帮助寡闻者时，文化学习就是信息共享，而共享信息就像共享其他资源一样，是一种合作形式。在古人类演化的早期，许多社会学习可能只是成体活动的副产品：大范围的信息共享创造了公共信息，而信息较少的人利用了这些信息。例如，幼体和母亲在一起时，会有很多机会看到母亲如何辨认食物、危险和自己的盟友。大概200万年前（Hiscock，2014），当信息拥有者开始主动促进这种信息的利用、分享他们知道的信息时，古人类谱系就发生了一次重大转变。在这次转变过程中，人类谱系文化学习的增长既是一种合作形式的扩展，又是一种合作的放大

① 这种丰富的文化意识往往与一种更为深刻的观点，即将集体文化视为一个有凝聚力的综合系统联系在一起。文化要素之间的相互联系程度是一个经验问题，丹·斯珀伯（Dan Sperber）认为，那些更偏激的整体观是站不住脚的，因为它们既没有充分考虑到一个集体内部的变化，也没有考虑到文化会逐渐改变的事实（Sperber，1996）。我认同这一看法并将在第4章中再次探讨这个问题。

② 实际上，对人类和黑猩猩谱系分化的分子钟估算存在着很大差异，有的远至1 200万年前，有的则近至500万年前。对于这些问题的简要介绍，请参见Jensen-Seaman & Hooper-Boyd，2013。有关使用分子方法估算演化分歧时间的深入介绍，请参见Bromham，2016。

器。随着时间的推移，共享信息和共享技术使集体行动和其他更直接的物质合作更加强大，并为控制搭便车行为的威胁提供了工具。这些信息共享的物质利益一旦确立，就会促使人类选择使文化学习更加可靠的认知能力和社会互动。

如前所述，古人类从类人猿中分化出来是通过那些起初微小的差异之间的正反馈循环实现的。其中一个循环就是信息共享和其他形式的合作之间的循环。一种形式的合作的扩展往往会为另一种合作开辟空间。因此，作为古人类繁殖策略的一个重要因素，而且可能是早期演化的一个重要因素，生殖合作通过让幼体接触到更多的信息来源，为他们进行社会学习开辟了更多的空间（Burkart, Hrdy et al.，2009）。直立行走增加了生殖合作的益处，因为一旦古人类直立行走，幼体就不能再安全、方便地骑在他们的背上了。这样一来，某种形式的“照看”就变得非常有益，尤其是当古人类婴儿在出生时变得越来越发育不完全时。在获取资源方面的合作也是如此。也许在上新世晚期，即上新世和更新世之交，古人类逐渐形成了一种新的生活方式，这种生活方式以合作觅食为中心，以获取高价值资源为目标（Thompson, Carvalho et al.，2019）。这些资源通常难以发现或难以获得，或者两者兼而有之。动物会通过积极防御、强化和完善逃避程序、伪装隐藏以及栖息在远离人类的地方来保护自己，植物则利用像尖刺和硬壳这样的物理方法和一些化学方法来保护自己。这些资源的获取需要合作、技术和专门知识的结合。

仅举一例说明，在有季节性特点的亚热带地区，许多植物通过增加地下储藏器官（underground storage organ，USO），如块茎、球茎等，来抵御干旱。它们富含碳水化合物，是丰富的潜在能量来源（Laden & Wrangham，2005；Wrangham, Cheney et al.，2009）。想要采集它们，觅食者必须能正确地辨认这些植物。这并不容易，因为在气候干燥的地区，这些植物的茎都很不显眼且难以区分。人们必须先把它们挖出来才能识别，而这需要一根结实、锋利的掘土棒。被挖出来后，许多地下储藏器官需要经过加工才能被食用。在合适的环境中，人们可以大量获得这类食物，但真正获得并食用它们费时费力。大中型猎物的肉、脑和骨髓显然也是如此。无论是直接狩猎还是掠夺其他觅食者的猎物，都需要一定的武器和狩猎技能、对目标动物栖息地和习性的详细了解以及觅食者之间的合作，至少在远程抛射技术发明之前，合作是必需的。然而，有效地获取资源，加上觅食者的有效集体反应，使人类寿命变长成为可能，这给予幼体更多的时间来学习技能和获得信息，给予成体更多的时间来磨炼技能，并通过经验增加信息存储（Kaplan, Hooper et al.，2009）。有效地获取难以获取但存量丰富的资源，文化学习和因寿命延长变得缓慢的生活史，二者间存在正反馈。成体获益可以支持幼体的技能学习，进而使他们成年后的活动从幼年的学习中获益。

这一情况总体上没有争议，但在细节上存在激烈的争论，例如狩猎、采集和拾荒的作用和相对重要性，猎物大小和技能的相对重要性，文化学习的认知前提等。关于文化学习何时变得至关重要，一直存在争论（Corbey, Jagich et al.，2016；Tennie, Braun et al.，2016），这与古人类何时开始依赖石器工具的争论有关（Shea，2017）。但几乎已得到公认的是，到了更新世中期，古人类开始依赖某种技术、合作和专门知识的结合。这些都以不同的方式依赖于文化学习。这一章主要讲述文化学习如何与为什么会在我们的历史上留下如此巨大的印迹，以及文化学习在扩大合作利益方面的作用。下一章的重点是利益分配和对搭便车行为的控制，以及第二阶段的转变使搭便车行为的控制难度逐渐增加。为了更好地理解这些内容，接下来，我将对古人类历史进行简要概述。

人猿分叉：从基因相似到文化歧异

已知的古人类化石可以追溯到中新世并贯穿整个上新世，但将人类与其他类人猿区分开来的主要形态变化——直立行走和大脑化（encephalization）[①]，似乎主要发生在上新世末期到更新世之间（见表 1–1）。

① 即脑结构和功能上的变化。——译者注

表 1-1 世年代表

世	距今时间
中新世	2 303 万年前至 530 万年前
上新世	533 万年前至 258 万年前
更新世	258 万年前至 1.17 万年前
全新世	1.17 万年前至今

从人类谱系与黑猩猩谱系的分化（可能在大约 700 万年前）开始，在概述古人类演化史之前，我们还需要注意以下两点。第一，太多的未知因素。特别是这一时期的前 400 万年，化石很少，而且很多都是碎片，只有后期才有考古材料，即来自古人类活动的遗存（工具、墓穴等）证据。即便如此，这些证据也存在争议。因此，接下来的论述都带有几分推测性质，有些甚至是完全凭推测得出来的。第二，在古人类学的技术文献中，有很多分类学的争论。例如，在确定给化石留下痕迹的具体物种时，经常会有对物种的特性和差异的不同论断。我的研究重点并不在于中新世、上新世和大部分更新世时期的特定物种的鉴定，因为化石已经支离破碎且通常十分罕见，以致我们几乎没有证据证明这些物种内部存在自然变异。因此，当我使用一些特定的物种名称，如能人、直立人和海德堡人时，我只是用它们表明古人类的形态和行为可能随时间推移而发生的变化。它们分别代表体形更大和大脑化程度更高的古人类，即大脑大小与身体大小的比例相应增大的古人类。他们在某种程度上越来越像现在的人类。但是我们

不知道，古人类有多少生物学种，比如 100 万年前的古人类是否同时存在生殖隔离但形态相似的谱系。此外，晚期智人、丹尼索瓦人和尼安德特人之间的一些基因流动的证据表明，形态不同的谱系之间可能也存在基因流动。

人类和其他类人猿的一个明显区别是其大脑更大、占身体比例更高。古人类大脑的演化史仍存在一些不确定的地方，表 1–2 为其提供了一个粗略的说明。

表 1–2　古人类的脑容量变化

物种	脑容量 /cm^3	参考文献
南方古猿	434～530	Klein，2009[198]
能人	大约 650	Gamble, Dunbar et al.，2014[99]
直立人	平均 950	Rightmire，2013
海德堡人	平均 1 230	Klein，2009; Rightmire，2013
旧石器时代晚期的智人	平均 1 577（±135）	Klein，2009[308]
欧洲与西亚的典型尼安德特人	平均 1 435（±184）	Klein，2009[309]

表 1–2 展现了古人类脑容量变化的大概趋势，但我们要非常谨慎地理解这种趋势。首先，体形很重要，体形变大，大脑也跟着变大。其次，在某些情况下，同一物种的脑容量在不同的时期和不同的区域有时会有很大的差异，尤其是直立人，晚期的直

立人通常大脑更大（Klein，2009）[306-307]。最后，可以说，神经密度至关重要，但它在哺乳动物乃至灵长类动物中都不是恒定的（Herculano-Houzel，2016）。也就是说，最早的古人类（如地猿和南方古猿）的大脑与黑猩猩的大脑差不多大。与黑猩猩相比，最早的古人类可能生活在更开阔的环境中，这些地区的季节性更明显。其中，至少有一部分古人类已经习惯于直立行走，但他们何时变成完全的直立行走尚不清楚。有一部分早期的古人类似乎保留了对攀爬的适应能力，所以他们可能会继续在树上筑巢，以便在晚上有更安全的栖息地。南方古猿明显小于后来的古人类，因此，他们很容易受到上新世和更新世的非洲食肉动物的攻击。在上新世末期，南方古猿谱系似乎分裂出了两个分支：粗壮型分支（具有强有力的颌和牙齿，适应吃坚韧的植物性食物）和纤细型分支。通常的说法是，我们的直系祖先来自纤细型南方古猿。晚期的南方古猿被认为是最早制造和使用石器的"人"①，这一观点的第一个例证可以追溯到大约 340 万年前，但仍存在争议（McPherron, Alemseged et al.，2010；Harmand, Lewis et al.，2015）。没有争议的证据是可追溯到 250 万年前的奥尔德沃石器，这种石器是从岩石上凿下来的锋利薄片，有动物骨骼可以证明它被使用过（Braun, Aldeias et al.，2019）。这些石器可能是由过渡物种（能人）制造和使用的。能人一度被认为是人属的第一个成员，现在通常被降级为南方古猿的种类。到目前为止，这段历史看起来就

① 南方古猿通常不被认为是真正的人。——译者注

像人们通常所说的那样：类人猿的一个谱系通过对季节性更明显和空间更开阔的栖息地的适应而变得多样化，而这种变化发生在更新世时期。

关于能人是否存在大脑化仍有争议。但是毫无疑问，200 万年前出现的古人类，即直立人[①]是存在大脑化的（Shultz，Nelson et al.，2012）。直立人的体形比早期古人类明显更大，尽管体形最大的直立人仍然比体形最大的后期古人类小得多。直立人存在明显的大脑化，且有证据表明他们的生活史更像现代人类，即寿命更长，幼体依赖期也更长。关键的一点是，直立人在这一时期急速扩散，就像他们在 190 万年前到达爪哇岛一样（Finlayson，2014），在 20 万年时间里，他们遍布非洲，横跨欧亚大陆大部分地区，到达中国，深入东南亚。他们到达西欧的时间也许稍晚一些。早期的直立人提供了狩猎大中型猎物的第一个完整证据（Bunn & Pickering，2010；Pickering & Bunn，2012；Pickering，2013；Domínguez-Rodrigo & Pickering，2017）。此外，正如人们所预料的那样，至少有一部分直立人群体的脑容量更大，他们似乎负责重要的技术创新，而其中一项创新可能是火的使用。

① 这一时期还有其他人类物种被命名，最常见的是匠人。

THE PLEISTOCENE
SOCIAL CONTRACT
智人之跃

火的使用

人们很难找到古人类使用火的实物证据。100 万年前，非洲的直立人可能已经开始使用人工火（Gowlett & Wrangham，2013; Gowlett，2016; Wrangham，2017），但确切的证据表明，直到大约 80 万年前古人类才开始使用人工火，而且即便如此，那些古人类可能也无法随意生火。几乎可以肯定的是，火是分阶段被驯化的，这一过程可能同时伴随着损失和收获，而且对自然火的利用和管理早在人工取火之前就开始了。但有证据表明，最早开始驯化火的是一些直立人。毫无疑问，直立人最先使用了阿舍利石器加工技术，这种石器加工技术令人印象深刻，其标志性石器是著名的卵圆形左右对称手斧。与火一样，尽管许多直立人的遗址中并没有阿舍利石器的踪迹，它在 100 万年前似乎仅仅出现在非洲或非洲附近，但是这些人工制品的技术含量比奥尔德沃的薄片石器要高得多。新的技术、非洲以外的迅速扩张、狩猎的证据，也许还有驯化火的第一阶段，这些都表明古人类开始转向一种新的演化动力，文化学习和合作在其中发挥着更重要的作用。

类似直立人的古人类在更新世的大部分时间已经存在，在爪哇岛发现的化石可以将他们生活的时间追溯至 10 万年前，如果佛罗里斯人[①]可视作缩小的直立人的话，这个时间点甚至更近。但在大约 80 万年前，类似直立人的古人类在非洲和欧洲（也许还有欧亚大陆）被海德堡人所取代。后者被认为是晚期智人、尼安德特人和丹尼索瓦人的共同祖先。海德堡人的大脑化程度更高，他们的脑容量大小与后期某段时期的古人类相似。他们颈部以下的部分与那些后期的古人类非常相似，直立人也是如此。

据我们所知，海德堡人的生活比直立人效率更高。关于早期直立人狩猎的观点仍然有争议，但毫无疑问，海德堡人是成功的大型猎物狩猎者（Jones，2007；Stiner，2013）。事实上，他们的狩猎能力足以使他们定居在凉爽的温带栖息地（Mussi，2007）。在冬天，这些栖息地里几乎没有植物性食物，因此对生活在这儿的觅食者来说，狩猎绝不仅仅是最基本的植物性食物之外的一种偶尔的、受欢迎的补充，它很可能在直立人觅食经济中发挥很重要的作用。尽管海德堡人在 78 万年前至 40 万年前的用火记录存在很大的空白，但是他们对火的使用确定无疑。目前只是不清楚他们是否以及何时学会了人工取火。在海德堡人存在于世的大部分时间里，他们依靠阿舍利石器加工技术制作石器。然而，大约在 30 万年前，他们逐渐演化成晚期智人和尼安德特人，到了中

① 佛罗里斯人是一种体形非常小的、生活年代十分靠近现代人的古人类，他们的化石和人工制品在印度尼西亚的佛罗里斯岛被发现。

石器时代，技术应用变得更加普遍，[①]这些技术使制造者能够更好地控制石器的形状。同样，从大约 50 万年前开始，古人类开始制造带柄石器和由多个部件构成的石器复合工具（Wilkins & Chazan，2012；Wilkins，Schoville et al.，2012）。

这些时间节点并不是完全确定的。随着研究的深入，这些标志性技术首次出现的时间普遍趋向于更早。有证据表明，小而锋利的石片（通常形状相当规则）可能被用作带柄石器，尤其是细小石器上的尖刺或倒钩。勒瓦娄哇石器加工技术（“Levallois” stone working techniques）就是证据之一。这些石器要求工匠有很高的技术，这样才能更好地控制石器的形状。这是中石器时代的独特技术，但也有迹象表明它可能出现得更早。带柄石器可能早在 78 万年前就出现了，有关带柄石器和中石器时代技术更可靠的证据出现在大约 50 万年前（Kuhn，2020），但这些工具还不是标志性的考古材料。复合工具和勒瓦娄哇石器加工技术的发展和传播缓慢，可能是因为其间有损失也有收获，且它们是在不同的地区在不同的程度上被独立发掘的。大约 30 万年前，带柄石器和勒瓦娄哇石器加工技术已经成熟并得到了广泛传播，但这一时期并不是它们第一次出现。

谈到古人类技术演化的下一个阶段，即旧石器时代晚期，石

① 到目前为止，我们对丹尼索瓦人的技术和经济发展情况一无所知，只能通过 DNA 获取他们的信息。

器工具的起源和广泛使用之间的区别尤为重要。在 20 世纪 80 年代到 90 年代，人们认为，中石器时代在大约 5 万年前随着旧石器时代晚期革命而突然结束。当时的观点是，这场革命产生了多方面的影响：石器技术更加多样化，其地域差异更明显；骨头、长兽牙和其他耐用材料（包括标志着能缝制合身衣服的锥子和针）的使用更加系统；资源开发的范围更广泛，特别是对海洋和河流资源的开发；其中最引人注目的是象征物的出现和使用，如珠宝、赭石、不同风格的非实用性工具、第一把乐器（约 4.5 万年前的骨笛）和用于丧葬仪式的材料等。石器更丰富、地域差异更大、非实用主义的生活方式曾经被视作中石器时代结束的标志，但现在我们已经知道，这是受欧洲记录误导而产生的错误假说（McBrearty & Brooks，2000；McBrearty，2007）。细小石器被推测是旧石器时代晚期的标志，而人们在非洲发现了大约 25 万年前的细石器记录，这些细小石器最初是被零星发现的，而且发现地点间隔遥远。有证据表明，大约在同一时期，出现了赭石、磨石和更广泛的资源基地，而在 10 万年前出现了墓葬（Pettitt，2011，2015）。

目前已知的最早的珠宝和赭石雕刻可以追溯到 10 万年前至 8 万年前（Rossano，2015）。毫无疑问，这一时期的古人类已经完全控制了火，而在 5 万年前并没有发生突然的、革命性的变化。相反，从大约 25 万年前开始，特别是在大约 12 万年前之后，社会变化和区域分化的步伐加快了，在那一时期的考古记录中，象征物变得更为常见（Kuhn，2020）。即便如此，许多空白和倒退的出现打断了这一总体趋势，并使之复杂化。[①]

总结这段古人类演化的历史，有三个特征很突出：第一，类人猿在形态和行为上的转变是迅速而惊人的；第二，这种转变并非匀速发生；第三，形态和行为的转变似乎不太相关。

接下来，我将对这三个特征进行详细的说明。

第一，按照哺乳动物演化的正常标准，古人类与其他类人猿的差异程度以及这些差异的分化速度，确实是惊人的，在更新世尤为如此。据我们所知，在更新世开始时，古人类仍然属于东非智人谱系（Zhu，Dennell et al.，2018）。也许他们才刚刚开始依赖技术、合作、肉类和狩猎，正是这些让他们区别于其他类人猿。他们在形态上越来越不像其他类人猿，因为他们完全直立行走，把手臂、肩膀、手腕和手从行走中解放了出来。到全新世初期，古人类这一物种与其他类人猿完全区分开来。与黑猩猩和其他类人猿相比，古人类又高又瘦，大脑发达，身体脆弱。而且古人类拥有各种各样的、适应不同地域使用的技术，且遍布世界各地。[②] 在全新世及之前，古人类对生态的影响就是不可忽视的，

---

① 解析普遍性问题所产生的复杂性也是如此：年代越近，幸存遗址的比例就越高，我们的发现也就越多。

② 当时，古人类的分布远远超过了灰狼。灰狼是分布第二广泛的大型哺乳动物，最初在欧亚大陆和北美的大部分地区都有发现，但在非洲、澳大利亚、东南亚岛屿和南美洲都没有发现。

它们可能导致了美洲的一次生物大灭绝。即使人口密度很低，估算古代人口规模也非常容易出错，但古人类在更新世晚期、全新世早期的广泛分布意味着当时有着非常可观的人口数量。全新世初期的人类社会生活已经非常复杂，具有多层纵向结构，人与人之间通过亲缘关系、物质交换、共同的语言和文化联系在一起。社会生活受语言、公开性规范、宗教传统、亲缘关系网络（通常是非常复杂的）、显性民族认同等结构方面的影响。虽然社会结构的这些方面很难通过考古学来确定，但它们是觅食社会生活一个根深蒂固的世界性特征，很可能在 8 万年前，即晚期智人从非洲向外扩散之前，它们就已经在晚期智人的社会中建立起来了。这种转变的速度和规模需要有针对性的解释。

第二，虽然古人类在形态、社会生活、生态和技术方面确实与其他类人猿有了很大的不同，但这些转变并非匀速发生。这一点在技术领域尤其明显，至少在应用于坚硬材料的技术上是如此。最初，这种转变非常缓慢：洛迈奎工具大约出现于 330 万年前，奥尔德沃石器加工技术大约出现于 250 万年前，随后是大约 180 万年前的阿舍利石器加工技术（尽管不是所有地方）。古人类对火的驯化同样非常缓慢。在大约 25 万年前，古人类通过技术创新，花了将近 10 万年的时间才驯化了火。因此，如果生态合作、技术和社会学习之间存在一个反馈循环，那么在很长一段时间内，这个反馈循环是脆弱的，很容易停滞不前。虽然黑猩猩和古人类之间的谱系差异现在非常显著，但这种差异并不是平稳增长的结果。相反，在数百万年的时间里，它是以突发增长和长期停滞的方式交替进行的。

第三，就我们已确定的古人类物种而言，技术创新与古人类物种形成之间的相关性微乎其微。除了从直立人到阿舍利人的特例，[①] 一个新的古人类物种的出现并不代表新技术的出现，但这个特例也是非常片面的。阿舍利工具在非洲以外的地方被发现只能追溯到大约 80 万年前，比最初的直立人扩张要晚得多（Kuhn，2020）。此外，克莱夫·芬利森（Clive Finlayson）指出，在几处早期非洲直立人的遗址中没有发现阿舍利工具（Finlayson，2014）。同样，技术和行为的改变与大脑进化之间也没有明显的相关性，依旧只有直立人是特例。从大约 170 万年前到 80 万年前海德堡人起源的这段时间里，古人类的大脑发生了显著的变化，技术上却没有发生明显的改变。同样，在过去的 10 万年里，我们看到古人类有了显著的技术创新，但没有发生明显的大脑进化。因此，要解读古人类的形成不仅需要解释晚期古人类的加速转变，还需要解释晚期古人类在技术创新、物种形成模式和大脑进化等各方面的独立发展。我们很快就会讲到，这种相关性的缺乏，原因之一是文化学习。不仅仅是其本身的神经系统，社会环境也越来越多地塑造着古人类的技术和行为能力。

① 人们普遍认为，阿舍利手斧在欧洲、印度和非洲均有发现，但在莫氏线以东，即东亚或东南亚没有发现阿舍利手斧，这引发了如何定义那些来自莫氏线以东地区的文物的争议。

下文会将这种非常宽泛的概述与文化学习的扩展联系起来。因为正是文化学习的扩展为人类提供了物质工具、信息和专业知识，使合作获益越来越多。

学习革命：古人类的“步步高升”之路

人类拥有强大的基因和文化适应能力，可以支持广泛的、高质量的文化学习。虽然这一论点已有广泛共识，但是关于人类适应能力的特征，仍存在很多争议。史蒂芬·平克（Stephen Pinker）[①] 从演化心理学的角度提出了一种假设，即心理适应由认知模块组成，基因决定了模块的特定目的，每个模块都能使我们的学习适应特定的任务和环境（Barkow, Cosmides et al.，1992；Sperber，1996；Pinker，1997；Mercier & Sperber，2017）。虽然托马塞洛对人类文化所依赖的适应能力有不同的看法，但他也认为，人类在基因上适应了文化学习和彼此协调行动（Tomasello，2014，2016）。与此形成鲜明对比的是，塞西莉亚·海斯认为，虽然人类的注意力和驱动力是由基因决定的，但其在文化方面的认知特化（cognitive specialization）（如语言和心智理论）是建立在文化之上的（Heyes，2018）。如前所述，我的观点与海斯接

① 美国语言学家和认知心理学家，他深刻而幽默地探讨着诸多关于人类语言、心智、认知演化的问题。他的作品《理性》中文简体字版已由湛庐引进、浙江教育出版社出版；《思想本质》《语言本能》《白板》《心智探奇》《当下的启蒙》中文简体字版已由湛庐引进、浙江科学技术出版社出版。——编者注

近，但更强调基因－文化协同演化在构建这些认知专业化过程中的重要性。此外，我还强调学习环境的重要性，这种学习环境是根据适应性构建的，以支持我们获得关键能力（Sterelny，2003，2012）。虽然我认为现代人类的心智在遗传层面上已经适应了文化学习，但是只有在文化学习已经变得重要的环境中，才会出现关于这种文化学习的基因适应。因此，关于人类文化学习演化需要做出解释的是，无论是遗传层面，还是文化层面上，学习是如何在发生适应文化学习的演化之前变得至关重要的。一旦文化学习可靠地支持了对生命的延续至关重要的关键技能的传递，就会出现基因适应的选择，以使学习更可靠、更省力。这为正反馈建立了一个有利的平台：更可靠的社会学习使更多信息通过社交渠道传递成为可能。反过来说，如果这些信息对初学者的生活前景非常重要，自然选择将倾向于有利于使文化学习更可靠或更省力的基因和文化变化。这为进一步利用社交渠道等途径提供了可能性。但请注意，这只是“如果”和“可能”。这是一个可能“熄火”的引擎，它取决于学习内容的重要性、基因适应能力对学习效率的提高程度，以及效率提高带来的适应度的回报。例如，如果要学习将小火苗变成能使用的火源，一名幼体只需要 10 次而不是 20 次尝试就能学会，这可能不会对其适应度产生影响。

没有对社会学习的适应能力，却建立了广泛的社会学习，听起来就像一顿不可能存在的免费午餐，但事实并非如此。一方面，个人学习和解决问题的适应能力强化了社会学习。上新世古人类可能非常擅长学习和解决问题，因为学习对依赖以下两点的任何生活方式都是至关重要的。第一是机动性，指人类要开发的各种资源会随着空间和时间而变化。第二是高价值且难以获取的资源要求觅食者拥有定位、捕获和处理目标的技能。由于资源的机动性，觅食者不可能预先掌握这些技能。此外，机动的觅食者需要大量的信息：他们要对自身开发的所有资源都了如指掌。如此，古人类演化成了那些高度机动的、高价值且难以获取的资源的觅食者。高价值资源的机动性和期望值是分等级的，依赖于这些难以获取的资源的生活方式渐渐出现在上新世的一些古人类谱系中（Pickering & Dominguez-Rodrigo，2012）。在上新世和更新世交界时期出现的能人，至少在形态上有希望获得高价值资源。为了适应这些高价值资源，他们的牙齿和下颌骨变得更轻巧（Wrangham，2009）。

我们猜测，这些古人类拥有使自己成为优秀学习者的能力，其中的许多能力使社会学习变得与个人学习一样容易。认知控制能力（executive control），即保持专注、抵御分心的能力，同样有助于社会学习和个人学习。各种形式的记忆能力，工作记忆、语义记忆、情景记忆、肌肉记忆等，也有相同作用。因果推理对个人和社会学习都有帮助，它能帮助初学者预测和理解他人行动的结果，如一个人用软锤敲击石头的结果。用概念表示周围事物的能力也是如此，即通过概念实例之间的因果或功能相似性，而非感知相似性来定义的概念。以锤子的概念为例，不同的锤子看起来或摸起来都不一样，但如果你明白功能性定义的概念，就更容易理解锤子的重要性。我们猜想，与其他类人猿相比，从上新世到更新世过渡期的古人类和更新世早期的古人类在总体上最少要比其他类人猿普遍更擅长学习。

我们已经知道，古人类有很多东西要学，作为全面且机动的觅食者，他们会瞄准那些有价值但分散难觅的、隐藏的或有攻击性的目标。社会学习的投入可以降低寻找目标的难度。首先，社会学习可以缩小搜索范围。例如，如果通过社会学习知道选择什么样的石头作为工具，或者在哪里可以找到合适的石头，古人类就可以把搜索范围集中在正确的地方或者正确的物品上。其次，社会学习可以用社会通用的错误提示信号向其他人发出提醒——“不要碰那个”，来代替世界的错误提示信号。这有时并不需要明确的沟通。例如，幼体可能会注意到成体听到新声音时恐惧的表情。见多识广的成体经常会透露一些信息，而机警的幼体可以利用这些信息。再者，社会性习惯可以使学习的试验舞台更加安全。弗兰克·马洛描述了哈扎人的做法，他们会确保几个成体结伙在营地过夜（Marlowe，2010），这可以使捕食者远离他们，使幼体在周围探索时更安全。最后，关注他人的尝试可以将错误的成本分摊到群体身上，每个个体都可以从他人或自己的错误和成功中学习。即使在个人学习非常有效的情况下，社会学习通常也更快或更省力。

综上所述，我们的任务是，解释那些优秀的全能学习者是如何开始专注于社会学习，然后适应社会学习的。我们将会发现，随着社会学习更加高效，物质合作也变得获益更多，这强化了古人类对高效社会学习的选择。在古人类特化出对文化学习的适应能力之前，有三个因素使专注于社会学习这一转变成为可能。第一，正如我们所看到的，优秀的学习者在社会学习方面表现良好。第二，社会学习可以是间接的。如果子女伴随父母成长，父母对工作和休息地点的选择将为子女通过试错进行探索构建环境。因此，一旦制作石器成为能人觅食的关键组成部分，他们的孩子就会接触到可以找到原材料的地方和那些原材料。第三，作为经济活动的副产品，成体为其后代提供了拥有信息资源的学习环境。许多所谓的社会学习实际上是混合学习，即社会性增强的个人学习。能人的幼体有机会摆弄坏掉或磨损的石器，摆弄剩余的石器（圆石子上可以敲击出大量的薄片），摆弄没被使用的石器。

这些因素构建了一个文化学习的平台——一个更有针对性的选择认知和动机因素平台。最初，这些因素可能非常简单。其一是调整注意力。如果子女发现父母的活动很有趣，就会密切关注父母的活动，他们的学习也会更有效。同样，父母动机的一点小小的改变，比如仅仅是允许孩子靠近一点，就会使他们自身成为更有效的信息来源。这些动机和注意力的简单改变，使初学者能够发现成体行为所产生的更多信息。其二，成体行为的产物是潜在的信息资源，这被称为效仿学习。其三，众所周知的是，成体行为本身也是如此，即使他们只是在使用，而不是展示他们的技能。黑猩猩不擅长模仿学习，即通过观看示范者的动作序列来学习。但是它们还是可以通过这种方式学习的，早期古人类不太可能比黑猩猩更差。最后，成体可以积极地支持幼体的学习，而不是仅仅允许他们出现在自己身边。彼得·希斯科克认为，成体积极的支持可能有很深的根源，因为一名称职的指导者可以大大降低初学者制作石器的学习成本，同时，对指导者而言，增加的指导成本也是合理的（Hiscock，2014）。这就是教学演化的选择。此外，在某种程度上，基因适应是由一种特定技能（比如敲击）的重要性所驱动的，平台的构建不仅仅是为了那些驱动认知变化的重要技能，也是为了其他技能的社会学习。如果幼体更关注成体的行为，更密切地观察他们的行为，就会增加自己学习成体所有技能的机会，而不仅仅是敲击。如果成体对在自己身边张望的好奇幼体更宽容，结果也同样如此。

文化学习的增长是渐进的，起初是基于更普遍的认知能力，最终涉及古人类的心智，具体是指文化输入的心智。但这一轨迹最初是由成体生活方式对幼体学习环境的间接影响所驱动的。这些间接影响很可能对学习任何重要的、经常重复的成体技能有利。如果成体定期带幼体去寻找地下储藏器官，幼体就会有很多机会观察成体如何选择合适的植物，有很多机会去摸、闻和品尝地上的茎和叶，也有很多机会去观察与发现植物生长的环境和类似环境。如果地下储藏器官需要被加工处理，幼体同样有很多机会可以观察（如果成体允许的话，还可以取样）地下储藏器官从植物变成食物的各个阶段。我们从古人类史中知道，以植物为基础的觅食方式不仅仅是要采集成熟的果实来食用，它对信息的要求会非常高（Berlin，1992）。植物的物种多样性通常比脊椎动物要丰富得多。不谨慎的试验可能代价高昂，当果实可以被采集时，机会稍纵即逝。地下储藏器官不太一样，因为很少有动物会将它们作为觅食目标。此外，古人类已知的觅食范围远大于类人猿（见第 3 章），至少回溯到直立人时期可能都是如此。事实上，这很可能适用于所有的直立行走的古人类，因为直立行走的意义在于高效的空间移动。这增加了觅食者对植物信息和空间记忆的需求。以植物为基础的觅食者面对更大的觅食范围，需要有一个清晰的心象地图（mental map），知道在哪里可以找到特定的果实或种子，以及什么时候可以获得这些食物。孩子们很可能（至少在一定程度上）通过父母的指导或者与更大年龄、更有经验的孩子一起，在领地内频繁活动，从而获得了这张标注着机遇和风险的心象地图。觅食者不是直升机父母（helicopter parents）[①]，事实上，古人类的觅食文化显示，幼体觅食者大部分是与不同年龄的同体混合在一起的，他们探索环境时很少有成体监督（Lew-

① 指某些“望子成龙”“望女成凤”的父母像直升机一样盘旋在孩子上空，时时刻刻监控孩子的一举一动。儿童学习专家艾莉森·高普尼克的著作《园丁与木匠》中介绍过这一概念，本书中文简体字版已由湛庐引进、浙江科学技术出版社出版。——编者注

Levy, Reckin et al., 2017; Boyette & Hewlett, 2018; Lew-Levy, Lavi et al., 2018; Lew–Levy, Kissler et al., 2020)。然而，更新世的成体对幼体的关注可能会更多一些，因为他们与一群极具威胁的捕食者处于一个世界。

我们可以从中得到教训，如果创新可以带来足够的利益，足以改变成体的行为，足以重构幼体的学习环境，那么即使创新是非常幸运的偶然事件（比如早期的石器制造），其成果也可以得到传播并稳定下来。不难想象，某种幸运的意外可能会让一个觅食团体注意到地下储藏器官的价值。比如说，一场风暴或一棵倒木可能会将地下储藏器官暴露到地面上。如果这引发这个团体随后系统地收获地下储藏器官，那这个团体就会把它作为自己觅食的副产品来教育下一代。创新可能仍然是不稳定的，因为创新的扩散取决于在不同群体之间迁徙的移民是否能携带这项技能。技能的传播绝不是自发的。在类人猿社会中，迁徙一般是为了远交[①]，在早期古人类社会中很可能也是如此。在许多情况下，只有青春期的雌性移民才能离开她们的出生群体。正是这些年轻的雌性移民带着创新技能将其扩散出去的。这种扩散在裂变－融合体制的社会中比较容易，因为个体或小团体在各自领地内独立觅食，到夜间才聚集到营地。在这样的社会环境中，年轻的雌性移民可以使用新的觅食技能，因为她可以独立决定在哪里和如何觅

① 指亲缘关系很远的个体间的交配。——编者注

食。她可以展示自己的新技能。如果整个部落一起行动、一起觅食，情况就不一样了。但是，即使在裂变-融合体制中，创新在成为常规活动之前，通过社会学习被传给下一代还是会偶然发生。

在某种程度上，社会学习依赖于以成体生活方式间接构建的幼体学习环境，而对成体生活方式至关重要的一些惯常性做法，可能会可靠地传递给下一代。但这种传递是粗颗粒度的：成体技能水平的变化，即便对任务效率产生了真正的影响，也不太可能对下一代产生显著影响。此外，只有很少的创新形式会稳定下来并扩散出去。为了在起源地保持稳定性，创新必须重新构建成体的生活方式，进而重新构建幼体的学习环境。要从最初的创新群体向外扩散，创新群体必须与其他群体建立联系。由此可见，定居群体之间联系的数量和特征对创新的扩散至关重要。在现代觅食社会中，定居群体是开放的，群体之间的成体有很多互动，这使得创新有可能扩散到更广泛的部落。类人猿的定居群体比较封闭，主要是通过亚成体的扩散联系在一起。这限制了创新的扩散。要使一项创新在没有成体互动的情况下得到扩散，亚成体必须有能力并能够在新的社会环境中展现自己的能力。因此，需要合作的创新，例如用网捕鱼或狩猎，很难通过单个亚成体向邻近群体迁移和扩散。即使雌性移民把她的新技能带到邻近的群体并展现了出来，她的实践也必须在新环境中有规律且表现突出，才能对下一代的学习产生影响。

结果是，在古人类演化的早期阶段，只有那些被雌性个体采纳并使用的创新才有更多的扩散机会。无论是雄性还是雌性，亚成体在离开自己的出生群体时，情况也是如此。正如罗恩·普拉纳指出的那样，在裂变 - 融合的环境中，在社会认可父权和父亲主动参与孩子的成长之前，孩子们会和母亲一起觅食，雄性对子女的抚养环境没有太大影响。因此，如果只有亚成体雄性的扩散，创新扩散的前景就更差了。即使生殖合作随着直立人或更早的古人类的出现而演化，古人类婴儿的替代照顾者也很可能以雌性为主：祖母、母亲的女性亲属，或者是群体中学习过照顾婴儿基本知识的雌性亚成体（Hrdy，2009）。因此，只有在个体确定了其日常觅食习惯的情况下，这些与雌性相关的创新才有机会扩散到邻近的群体。如果群落作为一个整体迁移和觅食，一个亚成体移民几乎没有机会影响族群的活动习惯和活动模式，因此，任何新技能都不太可能以改变群体内幼体经验学习的频率和影响来展现。这就解释了在前文中提到的模式：古人类同时依赖于从一小部分社会学习中获得的、具有挑战性的技能和非常缓慢的创新速度。要打破这种模式，需要进行两种完全不同的改变。一是提高定居群体的社会学习效率（创新速度也许会有所提高），这是下一部分的重点内容；二是定居群体之间相互作用的变化，我们将在第 3 章中谈到这一点。

累积的微小步伐：基本技能的形成与代际传递

现代人类和古人类并不仅仅从文化的角度进行学习。正如我们在前文中讨论的那样，人类的文化学习是累积的，学习内容是那些自身无法独立创造的、超出其潜在解决方案区域的技术和技能。而且，其中一些技术和技能是多次渐进式改进的结果。正如我们在前文中看到的，约瑟普·考尔（Josep Call）、迈克尔·托马塞洛和克劳迪奥·坦尼认为，虽然类人猿也学习文化，但它们学习的一切都在其潜在解决方案区域内（Tennie, Call et al., 2009）。人类则不是这样。人类学习的文化信息和技能是个体仅通过自己的努力无法获取的。通过学习这些多次渐进式改进的技能和技术，文化学习有时会让人类走出潜在解决方案区域。在伍尔夫·希芬霍维尔（Wulf Schiefenhövel）的帮助下，我接触到了一把来自西巴布亚原始部落（West Papua）的近代石斧。[①] 这是一件复杂的工具。斧刃是由小心剥落的薄片仔细研磨制成的，斧背被打磨成适合安装手柄的形状，斧柄通过捆绑和黏合剂的使用与斧头固定在一起。斧柄是组合而成的，一头与减震材料一起固定在斧头上（以减少石斧断裂的风险），另一头则是把手。虽然我们并不知道这种石斧的发展史，但它的设计最初可能很简单，研磨斧刃、捆绑加固和添加减震材料很可能是后来才加上去的。

① 在印度尼西亚的西巴布亚省，目前还存在着一些原始部落，部落成员还生活在石器时代。——译者注

几乎可以确定，许多前工业时代、前金属时代的技术，都是不断改进的结果。古人类最早制造和使用的石器是阿舍利手斧，这只是概念上的推测，但实际上的可能性微乎其微。奥尔德沃石器加工技术在阿舍利手斧之前就已经出现，它是阿舍利及后来的石器加工技术得以发展的重要基础。与此类似，可以肯定的是，火是被分阶段驯化的，可靠的人工取火可能比利用和部分控制自然火要晚 100 万年（Gowlett，2016）。同样，虽然没有证据证明，但是，如果一个人需要一把斧头但没有使用斧头的经验，他肯定不会从零开始发明一把西巴布亚式的斧头。制作工具的技能是渐进式改进的结果，且几乎总是在人类的潜在解决方案区域之外。[①]

渐进式改进的能力是脱离人类潜在解决方案区域的一种特殊情况，但它们只是特例。回想一下我在前面提到的例子，觅食者对自己所在区域内自然历史知识的充分了解，就足以说明这一点。这些本地数据通常包括识别和描述数百种植物和动物的能力，内容非常广泛，以至于任何独立的个体都不太可能记住所有知识。掌握当地环境信息的需求为个体学习带来了挑战，因为信息是海量的。虽然初学者可以单独了解当地自然历史的任何一项内容，但他不可能了解所有的内容。此外，单凭一代人的努力也不可能建立起这样的数据库。尤其是在年际变化很大的环境中，

① 这个举例很生动，但是当应用在具有不同程度的认知可塑性的主体上时，它也会引起误导，因为它可能表明每个主体的潜在解决方案区域或多或少是相同的，独立于它们的成长环境。

当动、植物的生活模式很难判断时，更是如此。在这种情况下，文化的关键作用是提高学习效率。

这导致了人们对累积文化学习所需的认知能力持保守态度，因为即使没有明确的指导或示范，文化输入也可以通过许多方式提高个体学习的效率。我认为，制作人工制品能力的文化传递也是如此。比如，西巴布亚石斧就是多次改进循环的结果。标准一些的说法是，只有通过高质量模仿进行学习的主体才能发明并传承渐进式改进的技术。为了运用渐进式改进技术，初学者需要注意一个人制作的工具的早期版本和另一个人制作的改进版本之间的区别。注意到差异后，他们需要采用改进的版本。[①] 诚然，累积文化学习需要群体信息资源得到一代又一代的稳定保存和传递，但这并不需要高质量的模仿学习。效仿是另一种选择，人工制品就是一个范本。初学者可以关注制作程序，即关注示范者的产品，而不是对方的动作，稍后我们将在约瑟夫 · 亨里奇（Joseph Henrich）的木薯处理案例中看到这一点。更广泛地说，我认为这种思路低估了混合学习，即社会支持的探索和错误纠正，在支持技能和技术的稳定传递时的力量。没人能从零开始发明西巴布亚石斧。但一个已经掌握了一些石材和木材加工技能的主体，如果有机会使用斧头，并有时间进行试验，可能会制造出

① 或者，如果渐进式改进的过程不依赖于初学者明智的选择，而是依靠种群中存在的变异的自然选择，那么下一代必须非常密切地关注父母表达技能的特定形式，最终才能获得这种技能。这也需要非常高质量的模仿学习。

更好的石斧。特定学习任务的难度与初学者已经掌握的相关技能有关，其中一些技能应用广泛，这些技能在一项任务中获得，但在其他任务中也可以应用。

因此，我认为普通文化学习和累积文化学习之间的差异是非常重要的，依赖于累积文化学习的人类已经变得非常独特。我将简短地说明这种依赖性。但我对累积文化和古人类脱离潜在解决方案区域是否依赖于个人文化学习能力的特化提升持怀疑态度。值得注意的是，累积文化的考古特征是逐步且不稳定地出现的。我们期望累积文化至少在最初依赖于对一系列现有能力的微小改进，以及定居群体之间联系的变化。

现在我们来分析一些累积文化的案例，借以说明累积文化的根本重要性及其认知和社会支持。我们先回到坦尼研究的古人类觅食能力的案例，这些能力都远远超出了他们的潜在解决方案区域。随后我将讨论累积社会学习的认知和社会支持，以及这些支持是如何及何时建立起来的。这些例子包括：

- 试错学习的案例。试错学习是非常危险或代价高昂的，甚至是致命的。至少可以说，通过试错学习来了解蘑菇的可食性需要非常谨慎。我之前提到过，彼得·希斯科克提出了一个很有说服力的案例，通过个人试验来学习石器加工技能是非常危险的，因为错误的敲击会导致尖锐的碎片四处乱飞（Hiscock，2014）。制作者可能会失去一只眼睛，可能会受到严重而危险的切割伤。他认为，石器加工技能的获得不仅需要个体进行社会学习，而且需要示范者主动教学。为了降低学习成本，主动教学是必要或接近必要的，因为主动教学成本低，效益高。试验的成本和获得目标技能的难度都有力地表明，阿舍利石器加工技术通常是在那些掌握技术的人的主动支持下获得的。[①]

另一个非常鲜明的案例是航海，虽然这是近代发生的事情。在海洋岛屿之间的试错航行几乎就是自杀，为了确保海洋航行技能得到应有的重视和传承，一些岛屿文化对此投入很多。马绍尔群岛就是如此。马绍尔群岛地处大洋洲，由一个个分散的岛屿组成，这些岛屿几乎完全不在彼此的视线之内，是典型的小岛屿、大海洋环境。从传统上来说，在它们之间航行依赖于天文技术和海洋技术，海浪模式应该隐含着方向信息。这些航海技能部分是通过一些船员的经验指导获得的，还有一部分是通过

① 坦尼及其合作者最近的研究认为，早期的石器工具制造可能在古人类的潜在解决方案区域内。作为对该观点的回应，我认为，尽管他们对奥尔德沃石器加工技术的看法可能是正确的，但他们大大低估了奥尔德沃石器加工技术和阿舍利组合石器加工技术之间的巨大差异（Tennie，Premo et al.，2017）。

详细的公开性教学获得的。这需要具有针对性的教育技术：根据海浪模式制作的棍子和绳子模型（Genz，Aucan et al.，2009）。刘易斯更广泛地讨论了原住民不借助仪器在太平洋航行时所面临的挑战（Lewis，1972）。

- 特别无法容错的案例。这种案例只有一种解决问题的方法，一旦偏离这一正确方法就会导致一无所获的失败。当误差需要适当校正时，通过试验进行学习效果最好，通过逐次逼近可以找到最佳方法。尽管用硬木头做成的尖头挖掘棒在重量、操控性和平衡感等方面表现更好，而且使用效率更高，但是女性也可以使用劣质的挖掘棒。她可以从一个挖掘棒的粗糙雏形开始，逐渐改进它，在下一次迭代中对低效的地方做出针对性改进。对于像弓这样的复合工具来说，以这种方式摸索出一个好的设计要困难得多。弓身可能没绑好，弓弦可能会扯断，弓身木头可能会裂开，箭头可能会脱落，但这些失败情况意味着他们已经做出了补救。此外，这些失败将导致弓根本不起作用，而不是劣质但仍能用。北方高纬度地区的许多觅食技术在很多方面都是无法容错的。例如，衣服必须合身，必须能防风雨，必须结实。因为对他们来说，失败的代价非常高

(Gilligan，2007a，b)。同样，他们的船只——皮艇和皮筏，是由多个部件组成的，如果要使船只具有水密性和平衡性，这些部件必须能精密地装配在一起。类似的案例不仅无法容错，错误的代价也很高，海上航行中的失败可能是致命的。制作弓的原材料（兽皮、木材、骨头）的供应也有限。这些都不是对“能有多难”的试验的回报。

- 在某些情况下，一些技能因为学习量巨大而无法通过个人学习获得。我在前面讨论过这类案例。例如，觅食者非常了解周围环境，通常可以识别数百种植物。考虑到其他事情对时间和精力的要求，没有人可以，也不可能在没有帮助的情况下，仅仅通过敏锐的观察和记忆，就建立起当地植物的信息库。尽管信息库中的每一项都可以单独学习，但是，已知的古人类觅食者的认知资本 / 信息库是如此之大，以至于没有一个觅食者部落可以从零开始构建它。这些信息库都是通过上一代的保存和逐渐积累建立的。更久远的觅食者可能也是如此。依据这类例子，罗伯·博伊德（Rob Boyd）和皮特·里彻森（Pete Richerson）说明了人类依赖文化学习的事实：他们详细描述了一个又一个欧洲探险家在一些地方探险时以悲剧收场的案例，而当地人依靠他们积累的信息资本在这些地方如鱼得水。

- 最后，很明显，社会学习对于部落本身的习俗、规范、风俗、仪式、语言和象征物都是必不可少的。特别是当象征物变得更倾向于约定俗成和随意，且象征意义减弱时，更是如此。对于已探明的古人类觅食者来说，这种具有文化意义的象征物大量出现且因果不透明，而且越来越重要，但是，就亨里奇关于因果不透明与社会学习的重要性的联系观点来看，这是一个特例。直觉的因果推理很少会破译仪式的功能或盾牌上特殊图案的含义。人们可以猜测那些是什么，但错误的代价通常相当高，而且含义的可能性也很多。事实上，塞西莉亚·海斯认为，模仿学习的主要功能是学习部落的社会标志，而不是它的实用技能（Heyes，2013）。

约瑟夫·亨里奇认为，当面临的挑战因果不透明时，社会学习非常重要。最有说服力的例子是木薯的处理过程（Henrich，2016）[58-59]。

THE PLEISTOCENE SOCIAL CONTRACT
智人之跃

给木薯去毒

木薯既是一种优质的淀粉主食，也是一种对生长环境要求不高的作物。但木薯需要去毒才能食用，而给木薯去毒是一个漫长、费力且极不直观的过程。人们必须首先给木薯刮皮、碾磨和漂洗，以将纤维从木薯浆中分离出来；再将木薯浆煮沸、至水分煮干，将得到的淀粉放置几天；然后就可以安全地烘焙和食用了。在处理工序的开始，木薯味道发苦，无法品尝，但是在毒性最终去除前，苦味就会消失（同样，错误的代价也很高）。淀粉源通常具有化学防御成分。洛夫（Love，2009［1936］）描述了给露兜树果实去毒的复杂过程。同样，苏铁种子很大且产量也高。我的私人土地里就生长着苏铁，每个球果可以产出超过 10 千克的种子，但是必须将毒素从种子中去除（Beck，1992）。这是一个因果配方被准确传递的案例。在这个案例中，因果关系通过效仿而不是模仿被准确地传递下去。效仿可以让初学者接触流程中的每个阶段，而不仅仅是最终产品。初学者在给木薯去毒时，必须注意木薯在每个阶段的不同特点，至于果肉是如何被磨碎、砸碎或者浸泡的则无关紧要。

从上新世和更新世之交到更新世晚期，社会学习的广度和深度以及它的支持机制都发生了改变。也许除了奥尔德沃人这个特例，上新世人类很可能都是进行社会学习的，因为与个人学习相比，社会学习可以更有效地学习信息和技能。他们可能在很大程度上依赖于广义的学习能力、多功能的认知机制（如认知控制）以及成体对幼体学习环境的间接影响，也许还有对幼体的注意力和成体的容忍程度的轻微调整。社会学习依赖于公共信息。在大约 200 万年前，直立人的出现改变了这一状况，但可能只是在相对有限的范围内做出了改变。阿舍利石器加工技术就是这种改变的证据，也许这也是人类驯化火的第一阶段的证据。有证据表明，在大约 180 万年前就出现了伏击狩猎。这意味着当时出现了一种考古学上未知的木矛技术，可能还有其他软材料技术。但更重要的是，这意味着直立人已经了解其目标动物的自然史和可能反应。用短程武器狩猎大型动物取决于对猎物和栖息地的深入了解（Binford，2007）。此外，伏击狩猎需要一定的沟通协调能力。用短程武器狩猎大型动物不仅需要专业技能，还需要协调能力。狩猎数量正在增加，如果直立人使用一种简单的原始语言进行协调，那么任意社会规范的文化学习就有了立足点。在更新世晚期，人类的生活方式依赖于信息的代际流动，成体的能力依赖于只能通过社会学习获得的能力。

文化学习的实现：从可能到必然的突破

经过 300 万至 400 万年的演化，文化学习从个人学习的有效辅助手段转变为人类发展的主导特征。是什么特征使这种转变成为可能，而这种转变又是什么时候出现的？我对累积社会学习依赖于一种单一的关键创新持怀疑态度。因为在古人类的相关记录中并没有明显的变化的起始点。相反，这种文化学习的主要形式依赖于认知、社会、演化和物质支持的缓慢构建。支持这种扩展的文化学习的要素包括：

大脑化及其影响。我认为其中一个因素是，从直立人到海德堡人，到更新世晚期，随着古人类的不断大脑化，神经系统得以全面扩张。这些额外的资源增强了上新世古人类已有但较弱的通用能力和复合能力，这些能力可能包括记忆、因果推理、认知控制、心智理论等。尽管如此，令人吃惊的是，大脑进化程度与技术、生态或社会复杂性的考古学标志之间并没有明确的联系。

生活史。可以说，古人类的生活史在两个相关的方面发生了变化。一个是成体寿命增加的趋势，以及与之相关的幼体时期的延长。直立人表现出了这种趋势的一些迹象。一些直立人男孩在 12 岁多的时候就性成熟了，而他们可能比能人或南方古猿发育更慢，而且还有一些典型的晚期智人模式的标志，即幼体时期身体生长放缓，但大脑仍在继续发育（Maslin，2017）[32–34]。幼体受到支持和保护的时间越长，他们获得的学习资源就越多。迈克尔·古尔文（Michael Gurven）、希拉德·卡普兰（Hillard Kaplan）和他们的同事认为，至少对于晚期智人来说，幼体到成体的缓慢成长是对社会学习量的一种适应，成体觅食效率和广泛的社会学习之间的正反馈，使这种缓慢成长成为可能（Gurven，Kaplan et al.，2006；Kaplan，Gangestad et al.，2007；Kaplan，Hooper et al.，2009；Koster，McElreath et al.，2020）。成体的高效使其能承受幼体的长期依赖，而长期依赖带来的广泛教育使觅食者变得更高效。人种学证据表明，这种经济支持使觅食者的孩子可以自由活动、自我指导，并相互学习很多东西，与自给自足的农民的孩子形成鲜明对比。同样的证据表明，这种幼体组织是获得成年能力的非常可靠且低成本的途径（Lew-Levy，Reckin et al.，2017；Boyette & Hewlett，2018）。[①]

除了更长的幼年期，萨拉·赫迪（Sarah Hrdy）、卡雷尔·凡·斯海克（Carel van Schaik）和克莉丝廷·霍克斯（Kristin Hawkes）以及很多学者都以不同的方式提出，古人类存在生殖合作。霍克斯认为祖母是生殖合作的重要支持者。赫迪认为，拟母行为（allomothering）在亲属、社会盟友、需要经验的亚成体，甚至父亲之间的分布是不同的。无论从哪一种观点来看，生殖合作都能促进社会学习，因为它既为幼体提供了接触更多样本的机会，也为成体对幼体的容忍、幼体对成体的响应提供了更广泛的选择。同样，生殖合作这种演化转变很可能从直立人时期开始或加速（Opie & Power，2008），因为直立人婴儿的脑容量开始逐渐增大，面临着出生时娩出困难和出生后对成体长期依赖的挑战（Hawkes & Bird，2002；Hawkes，2003；Hrdy，2009；Hawkes & O'Connell，2010）。

---

① 缓慢的生活史是对可能的长期教育的适应，这一观点存在争议，而且是（不可避免地）基于小样本的案例。另一种观点是，选择大体形会导致幼年期延长，因为大体形需要更多的时间来生长。即使第二种观点是对的，幼体对成体的长期依赖也确实为其提供了广泛学习的机会。

新认知架构。一种可能性是，更新世见证了新的或大规模转变的认知能力的演化，这些能力要么专门用于社会学习，要么有力地增强了社会学习。在许多社会环境中，语言和心智理论显然都很关键。同时，它们显然也强化了社会学习。语言是一种具有无与伦比的力量的媒介，它可以传递来自其他地方的信息，传播积累的经验，通过不同的名称来区分物种之间的细微差别。同样，心智理论也很有价值。如果初学者了解专家想要做什么，而专家了解初学者知道什么和不知道什么，那么专家和初学者的交流就会更有效率。与技能展示不同，专家示范技能，是为了能够指导他人进行实践或纠正他人错误，因此，专家必须向自己展示这项技能。这是一个元表征（metarepresentational）任务。模仿学习，以及杰尔杰伊（Gergely）和布劳奇（Csibra）的“自然教育学假说”被认为是专门用于社会学习的候选认知机制（Csibra & Gergely，2009；Csibra & Gergely，2011）。几乎所有人都同意，人类的认知架构是通过适应社会学习而形成的。问题是要从历史记录中确定这些适应能力的起源和扩张。我们特别希望看到，如果更新世社会学习的扩张主要依赖于对社会学习的认知适应，那么随着这些能力的逐渐演化，社会学习的结果将呈现平稳和渐进的上升趋势。但事实并非如此，因为这些能力在历史记录中时隐时现，我们看到许多明显的停滞和倒退。人类用火的记录就是这种模式。[①]

① 当然，可以确信的是，特化能力固然重要，但仅有特化能力也是不够的。

塞西莉亚·海斯的怀疑主义在这里或许颇有启发意义。她并不怀疑语言、模仿、心智理论等对社会学习当前的重要性。但她认为，这些认知工具本身就是社会学习的产物，是文化演化而非基因演化的产物。海斯认为，在社会学习迅速发展之前会有一段很长的停滞时间。因为在她看来，在认知和学习能力还没有特化并被用于广泛和高质量的社会学习时，推动社会学习迅速发展的工具不得不缓慢且低效地构建。我们必须在社会中学习如何进行社会学习，并且是在没有适应社会学习的特化工具的情况下进行（Heyes，2012，2018）。使我们成为有效的社会学习者的认知工具必须通过文化演化来构建，而认知能力尚未被特化并被用于这项工作，在这种情况下，我们可以认为，社会学习的爆发会有一条很长的导火索。但是，一旦文化演化完成，社会学习的爆发将是迅速的。

认知支撑。海斯对于文化学习基于基因的认知适应持怀疑态度，即使这种怀疑态度是极端的，但也不能否认，如今，许多社会学习都依赖于文化构建的设备。这些设备包括：图书馆和其他信息外部存储设备；二维或三维的描述手段，如图表、地图和模型；符号系统；专业技术词汇。而且，通过文化演化，我们在获取关键信息和技能的过程中，学会了如何使用这些工具，我们在使用这些支撑方面做得更好了。这只是现代生活的一个特征，还是更新世的社会学习也可能是人工制品支撑起来的？我认为更新世已经具备了增强学习的支撑（包括物质设备和社会实践）。当然，在小规模的社会中发现了人工制品支撑的学习。我们前面已经讲过马绍尔群岛居民在洋流模型的帮助下教授航海的例子，这并不是个例，因为觅食者经常会为他们的孩子提供小型工具（Lew-Levy，Reckin et al.，2017）。琳恩·凯莉（Lynne Kelly）详细介绍了澳大利亚土著在教授有关仪式的知识时物质支撑（面具和其他许多东西）的广泛使用。重要的是，凯莉认为，这些仪式的叙事中包含了关键的生态信息，这些信息被构建成易于学习、易于记忆的故事（Kelly，2015）。[①] 此外，丹·丹尼特（Dan Dennett）在很久以前就已经指出，人工制品不一定是为了帮助学习而被特地制造的。例如，一支矛可以作为制作另一支矛的模板而存在。最后，虽然我们不能确定语言演化的确切日期，但可以确定的是，语言演化不是最近才出现的，因为它对我们整个人类来说是共通的。语言促进了社会学习。除此之外，词汇表也是一种教学工具（Dennett，1993）。标签可以使细微的差异和不明显的相似之处变得更加突出。例如，在我家的灌木丛里，有三种刺嘴莺（thornbill），它们在羽毛、声音和行为上有非常细微的区别。如果没有不同的物种标签提醒你它们之间存在着稳定的差异，你可能很难注意到，这些不起眼的棕色小鸟实际上有三种。觅食者所处的自然环境对他们很重要，因此小规模社会的语言具有与他们的技术和生态资源相对应的技术词汇。

① 请参阅 Hiscock，2020，了解持怀疑态度者的回应。

学习环境适应。学者们勉强认同了古人类心智对文化学习的适应，但对与之同样重要的事实——人类发展环境对文化学习的适应——却关注较少。其中部分适应性的影响是附带的。正如我们看到的，成体以促进重要技能习得的方式，构建幼体的探索环境。对于那些通过观察和注意来学习的幼体来说，成体的行为包含了丰富的有用信息：捕捉和收集、制作和准备。在觅食生活中，成体的很多行为都是在公共场合进行的。尽管在部分觅食者社会中存在一些性别隔离，但在觅食者营地中没有太多的私人空间（Hewlett，Hudson et al.，2019）。成体之间的谈话也会泄露信息。一个常见的例子是觅食者会在营地的篝火旁谈论当天狩猎的情况，而且觅食者对幼体出现在成体的活动中非常宽容。觅食者不仅会向幼体透露狩猎信息，而且还会鼓励幼体在适度安全的前提下为养活自己做出努力，通过这些方式，觅食者的经济利益在不知不觉间，适应性地构建了幼体的学习环境。[①] 在鼓励幼体开始自食其力的过程中，成体鼓励幼体在其现有能力范围内尽最大努力，对成体的经济利益和幼体的发展轨迹来说是最为理想的。如果幼体尝试进行超出其能力范围的工作，那将是徒劳或危险的。让幼体尽最大的能力工作，则可以让幼体在觅食中获得最大的收益，减轻成体的供给负担，同时适应性地构建了他们获得成体技能的实践练习。虽然部分适应性结构是附带而来的效应，但从广义上讲，很大一部分适应性结构是教学的结果。澳大利亚的

① 案例研究可以参见 Bock，2005；综述参见 Lew-Levy，Reckin et al.，2017。

一些案例显示，觅食者的玩具经常是小型武器（Haagen，1994）。游戏是对成人技能的排练和准备。男孩一旦能够远行，通常在 12 岁左右就会陪父亲去狩猎，即使他在狩猎中没有太大作用。当然，也有大量的公开性教学，特别是仪式知识（Meggitt，1962）。

重要的是，一些小规模社会有收学徒的传统，这与中世纪和现代欧洲早期的同业公会（craft guild）非常相似。在那里，专家通过构建学习环境，给初学者安排一系列适当的任务来搭建学习框架，并将技能传给初学者。因此，一个阶段的学习是建立在上一阶段的基础上的，因为这需要环境提供信息丰富的材料资源，也需要同伴的支持。这些教学安排大多是非正式的，相对来说很少有公开性教学（除仪式之外）。但并非总是如此，如新几内亚的石锛（stone adze）制作（Stout，2002）和马绍尔群岛的航海行为。约瑟夫·亨里奇和弗朗西斯科·吉尔－怀特（Francisco Gil-White）认为，由于这些学徒式的互动，人类地位差异的独特形式得以演化，即产生威望的等级制度（a hierarchy of prestige）。初学者尊重专家并承认专家的地位，以回报其建议和指导（Henrich & Gil-White，2001）。总之，觅食者以许多相互支持的方式支持着子女的教育。

社会环境。本书对学徒结构的学习环境和生殖合作的讨论重点是初学者的直接社会环境。更全球化的环境也与社会学习的可靠性和力量有关，特别是社会规模，它既包括定居群体本身的规模，也包括其与其他群体的联系，以及允许他们共享信息的联系。亚当·鲍威尔（Adam Powell）及其同事强调了定居群体规模的重要性，他们认为定居群体规模越大越好，因为通过自然变异，初学者能接触到更多的样本，其中可能包括更多的专家样本。规模的扩大增加了冗余，缓冲了部落因为专家发生意外事故而丢失信息的风险（Powell，Shennan et al.，2009），这种风险是不可忽视的。与其他部落之间的联系也以类似的方式缓冲了这种风险。如果不仅是幼体（或亚成体），成体也可以在不同的定居群体之间自由流动，那么整个群体的信息资源就会得到缓冲。同时，创新扩散和确立的可能性也会得到提高。因为任何局限于单一团体的创新都很容易受到人口意外的影响。因此，不同的定居群体的公认且稳定的亲缘关系网和社会联盟，以及他们在季节性的、食物充沛的时期还会将定居营地聚集成更大的部落的做法，对累积文化的爆发都很重要。事实上，在团体之间的关系网出现之前，在成员能在团体之间自由流动之前，作为积累的燃料，创新不太可能稳定发展。

定居群体的规模也使得专业化成为可能（Ofek，2001）。一个 15 人的小团体里不太可能出现一名专业的弓匠，一个 150 人的部落或者一个具有良好关系网的小团体群则有可能。专业化提高了技能水平，也许还提高了创新的速度。这不仅使专家们拥有更多技能，也使投入和改进专业设备更有意义。一年只捕一次鱼的觅食者不会为制作渔网花费多少心思，经常捕鱼的觅食者才有可能发现这样做有利可图。更具争议的是，有人认为文化学习在越大的部落中越有效。他们认为，在任何形式的知识迁移中，都有蠕变出现错误的风险。一项技能越难学，出错的风险就越大。定居群体的规模降低了这种风险（关于这点仍存在争议），因为规模越大，人才的自然差异也越大。专家样本越多，有天赋的初学者越多，就越能有效地预防或纠正信息丢失。约瑟夫·亨里奇、亚当·鲍威尔和他们的同事在形式模型的帮助下发展了这一思路，并将这些模型应用于考古记录，为“越大越好”的基本观点加入了形式上的细节。因为更多有天赋的初学者可以接触更多的样本，包括更多的专家样本。①

从冗余、专业化和文化学习效率这几方面综合来看，我们预测群体规模的增大及其之间的联系的增加，应该与信息资本更可靠的保存和改进有关。

回顾：文化，演化的第二引擎

考古学记录显示，在很长一段时间里，社会学习对合作觅食的高价值目标是至关重要的，而这正是更新世古人类赖以生存的

① 这一观点仍有争议，相关讨论和综述参见 Sterelny，2020。

基础。这段时间可能始于能人时期，至少在直立人时期是如此。社会学习支持古人类对潜在解决方案区域之外的技能和信息的获取。基本的技能必须在社会学习中获得，这些原始人站在他们先驱的肩膀上进行学习，但他们的学习量有限。虽然文化学习是累积的，但它是以一种相当微小的方式进行累积的。即便如此，它也很重要，因为它提供了使集体行动有利可图的基本技能。然而，社会学习的范围并没有扩大，其范围内的传统也没有得到优化和升级。尽管从大约 80 万年前开始，越来越多的转变迹象就开始显现出来，但如果我们单从阿舍利人的起源来计算这种有限的累积文化的时间，这一时期大约为 150 万年。此外，阿舍利技术的停滞不应被过分强调。第一，我们不知道软材料技术的发展情况；第二，火的使用被添加到了物质文化中；第三，古人类向温带地区的转移表明，他们对技术和环境的理解正在提高，这可能与这一时期大脑化的发展有关。此外，我们在前文中已经提到，有迹象表明，阿舍利石器加工技术在晚期是更完善的。即便如此，创新似乎很少扩散到起源部落之外的社交圈，因此，这种累积受到了严重的限制。而这种限制的持续时间，稳妥估计可能有 100 万年。

中石器时代（大约 30 万年前至 10 万年前）在这方面似乎不稳定。我们在考古记录中确实看到了惊人的创新的证据，包括新的材料、新的石器加工方法、新型工具、象征物、磨石和其他更广泛的资源基础等。事实上，上述技术早在 50 万年前就已经有了出现的迹象（Wilkins & Chazan，2012；Wilkins，Schoville et al.，2012）。但这些创新在时间和空间上往往不是连续的。例如，细石器在一个地方出现、消失，在几万年后又在另一个地方再次出现。即使是火的使用，在 80 万年前至 20 万年前也有类似的记录。我们不应该过分解读这些记录。这些记录的空白可能表明一项创新曾在当地建立起来，随后由于社会传递尚不完全可靠而丢失了，但也可能只是因为创新没有被成功保存在记录中。即使真的存在这些空白，它们反映的也只是经济变化，而不是能力丢失。例如，彼得·希斯科克在最近的著作中提出，塔斯马尼亚土著之所以放弃捕鱼，是因为捕猎小袋鼠使他们获益更大，而不是因为他们忘记了如何捕鱼（Hiscock，2008）。尽管如此，总体来说，在更晚的中石器时代，古人类仍然面临着信息资本严重丢失的风险。

从大约 10 万年前开始，虽然仍然有创新会短期消失，但随着更新世接近尾声，创新的转变和多样化的速度加快了。这些更新世晚期的觅食者似乎与古人类已知的觅食者种群具有相同的累积社会学习能力。较为自然的解释是，从阿舍利人到中石器时代古人类的基因－文化协同演化造就了脑容量非常大的人类（晚期智人、尼安德特人、丹尼索瓦人），他们在社会学习方面具有一些基于基因的认知适应能力。在过去的 30 万年里，通过文化学习获得的认知技能，支持文化学习的文化和物质支撑，支持、鼓励和奖励社会学习的发展环境，以及社会网络结构的变化，以上因素相结合而产生的综合作用极大地增强了这些认知适应能力，而且趋势越来越明显。当然，这些因素的综合作用也可能进一步完善文化学习的基因适应。这些都使本地群体更容易保留和改进其信息资源，并使创新更有可能进行区域性的扩散。

古人类的社会学习最初依赖于对公共信息的利用。[①] 大概在上新世和更新世交界之际，古人类开始利用更高的技术开发更丰富的资源，成体的觅食行为产生了更多的公共信息。但自然选择的压力也开始倾向于使成体扮演更积极的角色和使幼体更专注地回应。阿舍利石器加工技术和大型狩猎都依赖于大量的学习，个体很难（也许不可能）通过无指导的试验获得所需的技能和信息。如果希斯科克的说法是正确的，即个体在没有指导的情况下学习制作石器的错误代价很高，那就更是如此了。许多采集活动可能也是如此，因为采集活动需要以丰富的人类植物学知识为基础。此外，这些学习能力是不可或缺的。在更新世的大部分时间里，觅食者的生活方式依赖于生态合作，而生态合作的成功取决于代际信息共享，毫无疑问，也有一些是代内共享。觅食者对他们的栖息地了解越多，他们一致行动的获益也就越多。成功收获本地资源支持了人口的增加和生活史的发展，而这又使代际信息流更加可靠。这些信息流及其带来的利益在更新世晚期开始增加，因为人口环境、更新世古人类幼体的学习生态位及自身的认知资

① 指能长期保存的信息。黑猩猩会对重要但短暂的现象产生警惕并发出警告，几乎可以肯定上新世的古人类也是如此。

源，共同增加了当地群落保存和增加其信息资源的机会。

这一章的重点是文化在提供使合作获益的工具方面的作用，以及在古人类历史的大部分时间里，代际文化流动中的一些约束条件，这些约束条件限制了文化的扩张。在接下来的两章中，我们将继续探讨文化在推动利益产生中所起的作用。其中，第 2 章将讲述专业化和劳动分工的优势，而第 3 章的重要主题是更大规模的集体行动所带来的可能性。累积文化演化的确立也需要技能（如更丰富的语言）和制度（如亲缘系统）。接下来的章节将重点阐述合作的稳定性，以及更大的社会复杂性对稳定性造成威胁的方式。社会复杂性包括团体和部落内部更大的差异，社会规模的增加，以及主体未来对投资的增加，因为他们的计划范围从小时、天扩展到了周、月、年。

- 人类在文化和合作能力上的独特性是多个细微差异的叠加结果，如直立行走、因果推理能力和社会协作。正反馈机制使这些初始差异逐步放大，最终形成累积文化的基础。

- 累积文化的关键在于高质量的信息代际传递，这不仅依赖于学习环境和社会协作，还通过文化传承不断优化人类适应环境的能力。

- 基因与文化的协同演化奠定了人类社会演化的基础，文化创新通过改变生态位增强了合作的收益，为复杂社会结构的形成铺平了道路。

- 与其他动物不同，人类的文化学习通过渐进式改进和重新组合突破了自然的局限性，使合作和创新能够长期积累。

第 2 章

更新世社会契约：合作的演化基石

THE PLEISTOCENE SOCIAL CONTRACT

通过间接互惠进行分享的觅食者
能更有效地收集资源和控制风险。
但是，依赖于间接互惠的合作容易产生冲突，
因此它依赖于一套更为复杂的文化工具。

搭便车者困境：合作的最大威胁

第 1 章讲述的是文化，尤其是文化学习在提高合作利益方面的作用。通过使用物理工具和专业知识，这些利益会被放大，而这两种方式都会越来越依赖于文化学习。此外，文化交流工具的发明和社会传播（最明显的是语言及其雏形）也放大了这些利益。文化交流使视线和听力范围之外的协作成为可能，特别是跨越时间和空间的协作，就像狩猎者在伏击狩猎时所做的那样。文化交流工具使社会世界的出现成为可能，这样的社会世界既有足够大的规模，又有足够紧密的联系，确保觅食者可以协同进行风险管理，缓冲和保护认知资本。同时，这些交流工具也让觅食者最先享受到了专业化和劳动分工带来的利益。觅食者建立起关系网络，当在自己的领地内处境变得艰难时，他们可以迁移到朋友和盟友的领地内，以渡过难关，而这些互惠关系网络依赖于彼此互认权利和责任。在非洲布须曼人昆人部落，有一种名为 Hxaro 的礼物交换制度[①]，这种制度就是互惠保险制度的一个经典案例（Wiessner，2002a）。但类似的制度在流动觅食者的文化中普遍存在。伊恩·基恩（Ian Keen）关于澳大利亚土著文化联系的调查表明，部落个体通常与其他部落有亲缘或仪式上的联系，这使他们拥有一部分探访交流的权利（Keen，2004）。

然而，合作并不仅仅是为了获益，那是不够的。利益的分配必须能促进进一步的合作。如果合作行为会产生成本——这是常见的情况，那就必须有一种机制，使所有获益者都有可能承担得起自身的那部分成本。合作世界存在两种形式的欺骗行为：不承担合作过程中应该承担的成本（搭便车），强行攫取超过自己应得份额之外的利益（强权）。当然，个体也有可能同时是搭便车者和强权者，例如，狮子有时就两者兼之，公狮将实际狩猎任务留给母狮，获得的猎物份额却更大（Scheel & Packer，1991）。如果不加以控制，这两者都有可能导致合作的崩溃，因为搭便车行为增加了其他合作者的合作成本，而强权行为减少了其他合作者的利益。因此，欺骗行为会导致一个临界点的出现，在这个临界点上，合作者最合适的选择是，停止合作，独自行动。在这两种

① 通过 Hxaro 礼物交换习俗，一个部落的每个个体可以与其他部落有一系列的私人关系，这种关系通过定期的互赠礼物和探访来维系。在个体因遇到冲突或麻烦被迫离开原领地或部落时，这种关系反过来也可以保证他获得热情的接纳。这种关系网络相当广泛，将一个个体与数个部落联系到一起（Wiessner，2014）。

欺骗行为中，强权更不稳定，因为强权者可能垄断群体的全部利益，而搭便车者只是导致合作成本随着合作者的数量变化而成比例地增加。例如，在由 5 个个体组成的小组中，1 个搭便车者会使每个合作者在总工作量中付出的成本从 20% 膨胀到 25%。[①] 我将使用“欺骗”或“背叛”作为通用术语来涵盖搭便车、强权以及两者各种形式的混合行为。

这些稳定合作的“障碍”对本书的研究很重要：它有助于解释为什么合作是有限的，特别是在关系不密切的合作者之间。黑猩猩也会合作，但方式非常有限。雄性黑猩猩在领地边界巡逻时会相互合作，而一旦有机会，它们就会伺机杀死邻近群体中处于劣势的雄性。在这种合作形式中，欺骗行为没有太多产生的必要。只有当优胜的比率很大（4∶1)，且攻击者的攻击行为几乎没有风险时，它们才会发起攻击（Wrangham，1999）。削弱长期敌对的邻近群体，由此得来的利益是自然而然地分配的。黑猩猩也会合作捕食疣猴，但这是真正的合作，还是只是形成一个团队，使每只黑猩猩杀死猎物的机会最大化？这一点还有待商榷。当然，杀死猎物的黑猩猩会比其他黑猩猩获得更多的肉，但其他黑猩猩通过乞求和耍赖也可以分到一些。在某种程度上，这就是合作，它不会产生太多的欺骗行为。黑猩猩的狩猎并不是计划好

① 许多合作演变的建模工作并没有区分这些对合作的威胁行为，而行为经济学中几乎所有的实验工作都集中在搭便车问题上。所以这里的描述与理论研究有一些出入。

的，而且在抓捕疣猴时陷入危险也是偶然事件。对黑猩猩个体而言，参与狩猎没有真正的风险，也无须承担太多的机会成本。而且，总会有一只幸运的黑猩猩有机会杀死疣猴。所以在黑猩猩之间，大多数合作都是低风险的。但有一个例外，它们可能会组成一个旨在推翻现任头领的联盟，这可能会带来真正的风险。但黑猩猩之间的权力联盟规模很小，而且通常会形成兄弟联盟，这些都是有助于稳定合作的因素。

黑猩猩的社会世界与直立人及其之后的古人类（或许还包括之前的古人类）生活中的大多数合作获利形式不一致。黑猩猩生活在一个强权者的社会世界中，其中的优势等级非常明显。巅峰时期的雄性领袖经常依赖另一个强大雄性的支持（这种支持的代价是某种直接的回报，以及对关键盟友求偶行为的容忍）。在这一社会世界中，欺压自上而下倾泻，屈服和恐惧自下而上涌动。因此，黑猩猩和所有类人猿一样，都是随吃随取的觅食者。在一个与之类似的社会世界里，觅食的中心地点是不稳定的。如果觅食者的食物有被掠夺的风险，在一个地方获取食物，然后带到更安全的集体营地进行加工和消费，就不是一个稳定的策略。比如，为了安全，觅食者可能会把蜂蜜从蜂箱里拿出来再吃，但让部下将其带回集体营地则是不明智的。在强权者主导的社会世界里，获取的食物越丰富，食物被地位更高的个体占有的风险就越大。[①] 在霍克斯的“祖母假说”里，乐于助人的直立人祖母无法为她女儿刚断奶的婴儿提供食物，因为她将面临被任何成体或接近成体的男性掠夺食物的风险（Hawkes，O'Connell et al.，1998；O'Connell，Hawkes et al.，1999）。觅食越成功，食物被掠夺的风险就越大。对手工工具的投入也是如此。如果花费时间和精力制作的精良工具很可能会被更具优势地位的个体掠夺，那么制作工具就没有任何好处。工具越好，被掠夺的风险就越大。所有的类人猿都生活在具有优势等级的社会世界里，倭黑猩猩可能不是这样。所以黑猩猩属和人属谱系的最近共同祖先很有可能也是如此。[②] 在上新世或更新世早期，古人类的合作出现了第一次关键性的转变。类人猿的模式被打破了，优势等级受到了压制，毫无疑问，起初这种转变是不稳定且局部发生的。但是，优势等级的压制为可以获益的合作形式打开了大门，而在严酷且持久的强权环境的威胁下，这些合作形式是不稳定的。

我在第 1 章中提出，建立相对平等、互助的社会世界秩序是以古人类合作特征为标志的四次转变中的第一次。第二次转变发生在更新世晚期，合作的经济基础发生了变化，从即时回报互助转变为直接和间接互惠。这一转变可能发生在 12 万年前至 5 万

① 这可能就是雌性黑猩猩通常不参加猎猴活动的原因，如果雌性黑猩猩捕杀猴子的话，它们的猎物很可能会被抢走。

② 黑猩猩属灵长目人科人族下的一个分类单元，目前仅包括两个物种，即黑猩猩与倭黑猩猩。——译者注

年前的不同时间和不同地点。第三次和第四次是关于人类社会生活的复杂性和规模的转变。在第 1 章中，我们讨论了社会规模的重要性，以及从类人猿相对封闭的社会世界到古人类紧密联系的觅食群体的转变。这种转变也许是渐进式的，起源于大约 80 万年前的海德堡人，但直到更新世晚期（也许更晚）才完成。因为我们所发现的定居群体之间积极合作的证据指向那一时期，也许我们还会发现当时觅食团体之外的家族结构的证据。最后一次转变开始于更新世晚期（约 2.5 万年前至 1.2 万年前）和全新世早期，伴随着定居社会的开始而出现。这导致了社会规模的扩大和社会不平等。社会的规模、复杂性和不平等对于合作的稳定性都很重要。因为可以在政治结构松散和相对同质化的小型社会环境中稳定合作的机制，在规模更大、结构更紧密的社会环境中却有可能会崩溃。个人的知识和诚信可以在小的、隐秘的社会环境中巩固合作，在更大、更开放的社会环境中却不行。在社会世界中，持续的合作更令人眼花缭乱，因为社会世界不仅规模更大，而且具有等级结构。在这些案例中，合作的利益在很大程度上被精英们掠夺了。在这种情况下，理论可以预测到合作的崩溃。本章的结论性信息是，文化演变的工具——语言、神话、仪式、公开性规范，[①] 在更新世晚期合作的经济基础的转变中，对维持合作的稳定性发挥了核心作用，并在更新世晚期和全新世早期的社会革命

① 基因 - 文化协同演化可能在我们对神话和仪式的反应、使用语言、理解和回应公开性规范的能力方面发挥了核心作用。但是，表现特定族群特征的语言、神话、仪式和公开性规范可以通过文化学习得以保存、修改和传播。

中，对维护社会契约的存续发挥了同样核心的作用。表 2–1 总结了这四个阶段的情况。本章主要讨论前两次转变，其他的我将在后面的章节中讲述。

表 2–1　古人类合作的四次转变

转变	社会组织的主要特征	支持转变的文化创新	估计发生时间	合作形式
从以独立觅食为主到即时回报互助	对雄性优势等级的压制	武器；沟通和协调能力可能有所提高；联盟，后来是持续的联盟	180 万年前至 80 万年前（从早期直立人到海德堡人的演化）	集体拾荒和狩猎；大本营觅食（因此雌性在生殖合作中的作用更大）；合理的工具投资
间接互惠变得很重要	良好的声誉对发展前景至关重要	流言出现，语言先进到足以使信誉变得可靠；公开性规范；仪式扩张在加强社会联系及缓和社会压力方面的作用	12 万年前至 5 万年前	开发更广泛的资源组合；更有效地利用领地；通过互惠进行风险管理；专业化和劳动分工
跨团体合作；部落层面上的集体行动与合作	小团体嵌套进更大的团体中，最终形成超越单个团体的氏族组织	完善的亲缘系统（有时是氏族组织）；不同的团体中的个体之间正式的互惠关系；仪式生活通过对他人的回应来维护集体身份认同：向外发出信号，而不仅仅是向彼此发出信号	可能从海德堡人开始，但直到更新世晚期才完成，即便如此，在觅食者文化中也不普遍	信息跨团体流动；人口结构的缓冲；跨团体的风险管理；大规模的集体行动；高成本的集体行动，可能包括战争

续表

转变	社会组织的主要特征	支持转变的文化创新	估计发生时间	合作形式
复杂的、具有等级结构的定居社会中的合作	正式和非正式的领导职位；物质财富显著而持久的差异；互动通常是通过社会角色而不是直接相互了解来进行的	产权；准法律机构，如行动规范与执行规范相联系；分享的觅食者规范转变为权利和地位的规范	开始于更新世末期或全新世早期	专业化和交换的极大扩展；集体行动规模的大幅扩大；转向大众社会的“与陌生人合作”

不平等厌恶：公平感的生存意义

在合作的理论和实验研究中，一个重要发现是：在不受约束的欺骗面前，合作关系会被迅速破坏（Fehr & Gachter，2002；Fehr & Fischbacher，2003；Gintis，Henrich et al.，2008）。这项研究有一个假设（这一假设在第 4 章中是很重要的）：目前的合作者除选择合作之外，还可以选择不合作、单独行动。但事实可能并非如此，“孤狼的选择”可能会被压倒性的强制力量、敌对的邻近势力或者特殊的生态环境所淘汰。孤狼也许会变成孤羊。即便如此，大型狩猎活动的证据，以及由此而来的直立人在旧大陆大部分地区迁徙时或迁徙前建立的良好的合作关系，都表明欺骗行为得到了控制。如前文所述，这反过来意味着优势等级并没有决定更新世中的资源流动。

我们不知道，在古人类谱系中，强权者是如何或何时被剥夺了他们的强权力量的，尽管如前所述，这种情况至少在更新世早期就已经发生了。有证据表明，雄性竞争在上新世变得不那么重要了，而激烈的雄性竞争是优势等级结构社会的一个特征。体形的性别差异变得不那么明显，雄性和雌性的牙齿变得更加相似，雄性黑猩猩的犬齿比雌性更明显，早期的南方古猿可能也是如此（Manthi，Plavcan et al.，2012）。

然而，这种转变有一个看似合理的模型，这个模型或许可以解释为什么上新世晚期或更新世的古人类能够抑制强权者对合作利益的掠夺，而黑猩猩却不能（因此它们很少或根本没有合作利益可以分配）。该模型由三个要素组成：

- 合作形式的初步专业化。这种合作形式是有利可图的，而且在这种合作中，对欺骗行为的发现和监管相对容易处理。
- 武器使用的演变。保罗·宾厄姆（Paul Bingham）认为，武器化暴力的演化足以解释平等主义觅食生活的形成（Bingham，1999，2000）。他的描述过于简单了，但他有一个重要的见解：武器使弱者能联合起来对抗强者，这对强者来说可能是致命的。

- 社会智力（social intelligence）与冲动控制能力的提高。与类人猿相比，古人类的这两项能力都有所提高。

让我们从不容易受到欺骗的合作形式开始讲起。在第 1 章中，我曾谈到，有令人信服的证据表明，在大约 180 万年前，直立人开始了对大中型猎物的狩猎。就其本身而言，这是合作的标志，因为单个个体用投掷木矛或刺矛杀死有蹄类动物的可能性是微乎其微的。亨利·邦恩（Henry Bunn）和特拉维斯·皮克林（Travis Pickering）认为，直立人可能是伏击狩猎（Pickering，2013）。我认为这一观点很有说服力。伏击狩猎需要长矛和丰富的自然历史知识以设置合适的伏击点，以及高度的冲动控制能力，因为狩猎者必须在掩体中安静地等待，通常要等待几个小时。他们不能惊动鸟类和其他动物，否则，它们的叫声就会惊动狩猎目标。如果团体里的其他个体想要将目标赶到伏击点，他们还需要进行计划和协调。所有这些都暗示了一个相当重要的“演化前传”，即小型猎物狩猎和劫掠狩猎使伏击狩猎所需的武器技能[①]、专业知识和冲动控制能力得到了发展。

① 皮克林指出，黑猩猩可以使用非常简单的长矛来猎杀丛林中的猎物幼崽，从这些简单的木棍长矛到多组件的伍默拉投矛器（woomera，澳大利亚土著的一种标枪投掷器——译者注），这些武器的演化路径是连续渐进的（Pickering & Bunn，2012）。在伏击狩猎的演化前传理论中，对于小型猎物狩猎与劫掠狩猎的相对重要性仍存在一些争议（Thompson，Carvalho et al.，2019）。这里提供的分析在这个问题上是中立的。

这种形式的合作是有利可图的，但在发现和阻止欺骗方面造成了一些不太严重的问题。迈克尔·托马塞洛指出，劫掠狩猎（将捕食者从猎场赶走，而不是仅仅获得猎物的残留物）和伏击狩猎是即时回报互助形式的合作（Tomasello，Melis et al.，2012；Tomasello，2016）。合作的利益是即时产生的（猎物被夺取，伏击成功了），猎物被（或可以被）当场分配。即时回报互动与另一种合作形式形成了鲜明的对比，即互惠合作。互惠合作经常是演化理论的焦点，在互惠合作中，一个主体为其他主体的利益做出了一些贡献，并期望这种贡献在未来会得到回报，回报可以源自那些直接得到帮助的主体（直接互惠），也可以源自其他主体（间接互惠）。在互惠博弈中，先发者显然更容易受到欺骗。在互惠经济中，发现和处理欺骗行为在动机和认知上都具有挑战性，我们将在下文中探讨原因。像劫掠狩猎这种典型的即时回报互助合作，也不能避免被欺骗的危险。但是，严重影响其他个体成本或回报的欺骗行为是摆在明面上的，尤其是任何企图不成比例地攫取猎物份额的行为。比如说，所有把美洲豹从猎场赶走的个体都在猎物旁边等待着。每个个体试图获取的猎物份额对所有合作者来说都是显而易见的。毫无疑问，利益分配将是一场激烈的争夺，会有大量的攻击和撕扯，尤其是在这一发展轨迹的早期阶段。即便如此，任何企图近乎垄断猎物的尝试，都有以下特点：对所有其他个体来说，这样的企图都是显而易见的；这种尝试威胁到所有其他个体的利益；刺激个体产生怨恨和愤怒情绪。虽然在一次成功的捕猎之后，垄断猎物的诱惑对个体来说可能不大，但对于从其他捕猎者那里偷来的猎物来说，结果可能就不是这样了，因为这取决于猎物还剩多少。

在一个充满怨恨和不稳定情绪的群体中，愤怒很有可能通过情绪传染而扩散蔓延，并爆发为集体暴力。弗朗斯·德瓦尔（Frans de Waal）在对黑猩猩社会的族群研究中，描述包括对统治阶层自发的、有传染性的愤怒爆发的内容：一群愤怒的族群成员暂时中止了既定的权力秩序，因为首领被赶走了。传染性的愤怒对受其影响的对象是危险的。在黑猩猩社会中，这些偶尔发生的风暴过后，黑猩猩生活中的资源分配（物质的、欲望的、政治的）没有受到任何显著的影响。此外，黑猩猩既缺乏动机，也缺乏认知、情感和交流工具，因而无法持久地约束首领。短暂的风暴也并没有形成持久的影响。如果风暴会导致首领死亡或严重受伤，风暴发生的可能性就会大大降低。正如我们了解到的，早期更新世古人类的情况在某些方面与黑猩猩是不同的，这使因企图垄断猎物而引发的怨恨风暴变得更加危险。就像黑猩猩一样，在演化轨迹的早期，古人类的怨恨风暴可能很激烈但很短暂。但他们的愤怒和怨恨被武器化了，因此更加危险。这表明，他们企图垄断合作成果的可能性更小，成功的可能性也更小。结果是，劫掠狩猎的利益分配通常是充足的、均衡的，这种觅食形式会得到鼓励，并成为古人类生活方式的核心。统治阶层将按某种规则进行关键资源的分配，使这种即时回报互助的合作形式能够抵御欺骗。此外，至少在那时，直立人已经经常可以成功地伏击猎物，与黑猩猩相比，直立人在控制冲动、理解同伴和与同伴协调方面的能力更强。伏击狩猎既要靠同伴协调，又要控制冲动。在理查德·古尔德（Richard Gould）关于澳大利亚西部沙漠土著族群的研究中，他生动地描述了觅食者在炎热的天气里，一动不动地等待着鸸鹋，忍受着被昆虫叮咬的不适的情景（Gould，1969）。

武器是很重要的。武器使集体愤怒的爆发可能变得致命。如前所述，保罗·宾厄姆认为武器是人类与黑猩猩之间的差异制造者，使弱者能联合起来对抗强者（Bingham，1999，2000）。其观点本质上是符合几何学的。其观点是，武器，即使只是棍棒，也可以让攻击者和目标之间保持一定距离，这样就有更多的人可以同时发起攻击。随着弱者联盟规模的扩大，前排的空间更大，火力权重随之增加，这是决定性的，因为更多人分担了风险。这一观点有一定的道理（尽管它更适用于伏击狩猎），但它低估了目标的能力。在我看来，更重要的因素是，武器使单发攻击致命的可能性有目共睹，而且，即使自发性爆发的愤怒冲动只持续几秒钟，武器也可能会给目标造成严重的危险。总而言之，武器会增加风险。举个例子，一名体形庞大的古人类雄性亚成体遇到三四名带着珍贵食物（蜂蜜或鸡蛋）返回营地的雌性成体。[①] 这名雄性亚成体可能比任何一名雌性都要强壮很多，如果他打倒其中一

① 当然，在对私人财产的尊重成为习惯之前，无论他们的孩子和孙子多么饥饿，无论他们发现的食物多么少，在返回营地之前吃掉这些食物都是明智的。

名雌性成体并夺走她的食物，其他雌性成体对此几乎无能为力。如果这名雄性亚成体面临被拳打脚踢的威胁，那么这种强权行为会停止吗？现在假设她们带着挖掘棒。

THE PLEISTOCENE SOCIAL CONTRACT
智人之跃

武器化

我有一根澳大利亚土著的传统样式的挖掘棒，实际上它是一根短木矛：大约 1 米长，由硬木制成，重约 2 千克，两端都锋利。地下储藏器官通常都深埋在坚硬的土地里。作为杠杆，挖掘棒需要有足够的重量和硬度，而且越锋利越好，它还需要能被举得动。如果在强权者背后或旁边的雌性有了这样的工具并愿意使用它，这些雌性将能真正威胁到雄性。拿着挖掘棒向他用力刺去就会造成严重的伤口，而上新世晚期的“医疗服务”并不是那么理想。

武器化使这种偶遇式攻击变得更危险。即便一方或双方可能都在虚张声势，武器化也增加了风险。愤怒、恐惧、沮丧和武器会让一场小口角变成严重的伤害，甚至更糟。此外，早期更新世的古人类可能比后来的古人类更难以控制自身情绪的爆发。即使在晚期智人的觅食社会中，自发性爆发的愤怒导致的谋杀率也是相当高的（Boehm，2000）。

虽然武器本身是一种差异制造者，但要压制优势等级，它还需要与持久的动机和共同行动的能力联系起来。古人类对强权和搭便车的愤怒和怨恨不太可能很快消失。因此，本书所设想的对优势等级的压制最初是突发的、局部的和暂时的。[①] 更全面和持久的压制很可能是一个缓慢而渐进的过程，其前提是沟通和协调能力的提高，以及冲动控制能力的提高。根据这一分析，在演化过程中，抑制强权的动机会由激烈而短暂的反应态度变得更加坚定和持久。直立人或海德堡人学会了珍惜和保持他们的怨恨，这种心理在晚期智人身上并非完全不存在。集体狩猎和劫掠狩猎依赖于协调和冲动控制能力，因此在人类谱系中，任何形式的对劫掠猎物的共享一旦通过即时回报互助确立了，对觅食效率的选择就会促进社会能力和认知能力的构建，而这种能力会导致对强权者的压制更加全面和持久。更强的执行能力会让持续的计划更容易被执行，使之不太可能因分心、诱惑和记忆障碍而失败。这些能力使一个由冲动情绪驱动的临时联盟逐渐过渡到一个具有更持久动机且更稳定的联盟。直到海德堡人的出现，觅食者的平均主义才得以充分而稳定地建立起来。[②] 尽管如此，如果邦恩和皮

① 这种设想是否面临“二级”搭便车问题？一名胆小或反应不那么积极的部落成员在怨恨情绪爆发后退缩，这么做会对他有利吗？也许对他是有利的。这取决于：（1）成为集体攻击的一部分的风险；（2）那些压制强权者的人是否仅仅因为近水楼台就能获得更多的战利品？（3）胆小者的声誉是否会受损？

② 在最近的研究中，理查德·兰哈姆（Richard Wrangham）提出，这一时间可能更晚，大约是在晚期智人出现的时候（Wrangham，2018）。但这个观点很难为更新世悠久的合作史提供证据。

克林是对的，这些能力在早期直立人种群中就已经出现了，因为他们已经成为非常好的伏击狩猎者。包含身体、认知、情感、技术、信息和社会能力因素在内的基因－文化协同演化，使觅食的合作有利可图，同时也提供了使合作稳定的重要因素，这些因素包括武器以及用武器限制欺骗的意图和组织能力。

这一场景的发展使我们有可能解释早期古人类，即直立人的觅食团体是如何成功而稳定地合作的，尽管他们的合作方式可能有限，没有语言、规范或其他复杂的认知或文化工具。合作的社会规模很重要，即使在觅食团体的规模上（大约 15 个成体），视情况而定的合作——当且仅当其他人合作时才会合作，也是不稳定的。比如说，如果“我”因为发现了欺骗行为而退出合作，“我”不仅会影响欺骗者，还会影响那些合作者，进一步降低了他们继续合作的动机。罗伯・博伊德、皮特・里彻森和约瑟夫・亨里奇（与其合作者）指出，要使高风险或高成本的合作形式保持稳定，阻止欺骗必须是集体行为，而不是个人行为（Boyd & Richerson，2001；Boyd，Gintis et al.，2005；Boyd，2016；Henrich，2016）。作为一个整体，或者整体的大部分，团体必须奖励合作并惩罚欺骗。在绝大多数情况下，如果由个体来制止欺骗，个体就会面临很大风险。因此，他们主张，团体规模的合作需要一些额外的机制来调动团体，即一种能够确定某种行为是欺骗行为并对其进行惩罚的方法。他们认为，公开性规范发挥了这一作用。①

公开性规范明确了什么是欺骗行为，并激发和形成了一种惩罚机制。确实有证据表明，许多现代人类都是有道德感的惩罚者，愿意付出一些代价来惩罚欺骗者，即使这个欺骗者对他们没有造成任何伤害（Gächter，Herrmann et al.，2010）。如果这是正确的，那么在古人类合作演化的早期，文化在稳定合作方面的作用就很重要了。因为更新世早期的狩猎是团体合作的证据，一个群体的独特规范是通过文化学习建立和扩散的，且通常需要大量的社会性投入来维持这些规范。在这种情况下，只有通过文化学习将规范传递下去，才能使狩猎和其他活动中团体规模的合作稳定下来。

在我看来，这种观点夸大了形式最简单的即时回报互助所需要的文化和认知能力。首先，这种观点忽略了基于互惠的合作与即时回报互助形式的合作之间的关键区别。如果某人没有因为对他人的帮助得到回报，反而被他人欺骗，那这个人要么必须让对方付出代价（这可能太冒险了），要么必须寻求帮助。他需要争取第三方的支持：那些知道欺骗者的行为，但没有受到其直接影响的人的支持。这就是规范的重要性所在：受骗者必须证明欺骗

① 规范不必是公开性的。现代社会生活受到许多隐性规范的影响，例如社交距离和口头传话。但在博伊德的研究中，图尔卡纳人（Turkana）的合作，以及规范在控制搭便车行为中的作用，均取决于规范的公开性（Boyd，2016）[87–91]。

者做错了。但如果在集体行动中，欺骗者试图盗走大部分猎物，或者显然未能尽到自己应尽的责任，那么受骗者和其他所有人都将直接受到不利影响。如果受骗者是第一个反对的人，他需要得到支持，但不仅是第三方的支持。当面对恶劣的欺骗行为时，其他所有人可能都会有损失，并且损失严重，这是常识。这就是为什么相对简单的认知和动机机制就足以阻止互助合作中的强权和搭便车行为。对被揩油或被敲竹杠行为的集体怨恨阻止了大规模的欺骗，而这种欺骗会破坏合作的稳定。这些古人类会怨恨任何试图获得明显大于他们原本份额的企图，这是必然的。考虑到这一点，团体规模的合作可以通过期望破灭的强烈情绪得以稳定，如因失去预期收益而愤怒，并在一个已经因猎杀或捕获猎物而高度亢奋的群体中传播这种愤怒。

我们有充分的理由相信，我们的古人类祖先会怨恨这样的偷盗行为。在关于灵长类动物的文献中有一个关于“不平等厌恶”（inequality aversion）的讨论，一项有趣的实验显示，卷尾猴会因另一只猴子得到了葡萄而自己只得到了猴粮而产生怨恨（Brosnan & de Waal，2003）。人们可能会认为这本身就是原始规范性思维的证据，但“不平等厌恶”是这种现象的一个误导性名称：猴子并不介意自己比其他猴子得到更多，它们只是怨恨自己得到更少。从动机上来说，这就是推动集体对试图盗取或垄断合作利益的企图做出反应所需要的一切。

因此，即使合作者不受他们内在的社会规范的激励，以集体行动形式进行的、拥有即时回报的团体合作也可以建立并稳定下来。从对合作的分析结果来看，这是幸运的，因为一些合作形式要先于公开性社会规范所约束的社会世界而出现。公开性规范需要语言或类似语言的东西，以及同时期心智的其他特征。然而，传递、接受和遵循规范所需的认知和社会资源，只有在相对公平的长期合作环境中才能演化出来。早期的古人类合作者不可能有语言或任何类似语言的东西，因为语言本身就是一种具有认知复杂性和社会复杂性的合作形式。它取决于一套非常复杂的认知能力，这种能力只在合作型社会中才会被选择。毫无疑问，合作和交流是协同演化的，增进交流使新的合作形式成为可能，但大规模合作的初始阶段不需要一个由公开性规范指导的社会生活有多复杂，也不需要隐含的所有交流有多复杂。

简言之，在我看来，我们有一个看似合理但仍然是推测的概念，即在古人类谱系中对优势等级的压制和集体行为互助的建立。这种压制很可能是局部的，而且在更新世之前很不稳定。然而，基于互惠的合作，特别是间接互惠，需要更多的社会和认知工具。在某种程度上，如前所述：以互惠关系网的形式进行的合作可能确实依赖第三方支持来制裁导致合作失败的行为，这在认知和动机方面更具挑战性。正如我们马上要讲到的，它还需要大量的交流技巧。

互惠经济：原始社会的隐形规则

在第 1 章中，我提到本书的分析基于三个与人类历史有关的有争议的观点。其中一个观点很重要：在我看来，在更新世晚期，间接互惠在古人类觅食生活中变得越来越重要。在这里，直接互惠和间接互惠的区别是很重要的。间接互惠是一种合作形式，在这种合作中，主体为其他人的利益做出了贡献，这种贡献后来得到了回报，但不一定来自主体所帮助的人。直接互惠包括互相帮助，即现在你帮助我，以后我帮助你。虽然我认为间接互惠只是在更新世晚期才变得重要，但直接互惠很可能在直立人和海德堡人的觅食生活中发挥了一定的作用，也许还是重要作用。如果人种学数据对更新世早期的狩猎成功率有任何指导意义的话，那就是狩猎失败的次数要多于甚至是远远多于成功的次数。如果一次狩猎需要团体中所有人或大部分成年人（或成年雄性）的参与，这一点就尤为重要。在用低速木矛狩猎大型动物时，一旦伏击开始，很可能就需要重火力来快速击倒目标。如果狩猎失败，那么大部分人将空手而归。如果狩猎成功率很低，保存一些备用的食物就必不可少，尽管这些备用食物不那么诱人，但人们可以将它们作为稳定、可靠的食物来源。在人种学上已知的热带、亚热带和温带环境的觅食者中，雌性负责搜集和提供备用食物资源：小型猎物和植物。互惠是这些经济体的基础：雄性从他们的伴侣或他们的直系亲属那里获得资源，而成功的狩猎又使肉类得以在团体中广泛分享。[①]搜集到的食物往往仅在家庭范围内分享，这也许是因为成功的收集更依赖于努力而不是运气。因此，狩猎只有通过性别分工和团体中食物的互惠流动才能实现。

直立人和海德堡人狩猎的证据是否表明性别分工有着悠久的历史？互惠合作是否也是这样？有一些行为也许是性别分工的雏形，当雄性群体集体狩猎成功时，他们会提供肉类，以换取搜集到的食物，但还有另外两种可能。一种可能是可利用的资源往往是高度季节性的。因此，早期的狩猎者也许只在资源繁盛的季节狩猎，在那时他们可以快速而方便地搜集备用食物资源。另一种可能是，早期的狩猎者也许比人种学上记载的狩猎者更加成功。在这两者中，第一种似乎更有可能，在演化史的早期，狩猎者只有在备用资源随时可用的情况下才会去狩猎。不过，也有可能是早期的狩猎者更加成功，也许更新世早期的有蹄类动物对人类的危险性还一无所知，也许在一个没有农场和农民的世界里，狩猎目标会更多。还有一种可能是，劳动分工是基于（比如说）年龄而非性别进行的，备用资源是由亚成体搜集的。因此，狩猎并不一定意味着性别分工。即便如此，在古人类觅食经济的早期，性

① 关于一名成功的猎人能在多大程度上把肉分给他的家人和其他优待他的猎人，存有争议。在关于雄性狩猎本质上是家庭供给（随后努力繁殖）还是健康展示（随后努力交配）的争论中，这一点很重要。如果早期的狩猎是整个部落中雄性的集体行为，那就不太可能是一种展示。在大多数情况下，单个个体不会被认为是成功的猎人，也不会有仰慕者。对于狩猎与家庭供给之间关系的怀疑观点，请参见 Hawkes，1991；Hawkes，O'Connell et al.，2010，2018。相关支持观点参见 Gurven & Hill，2006，2009，2010。

别之间也可能存在某种形式的互惠，这种互惠大概是由性行为和生殖来协调的。这说明某种形式的配对关系起源更早（Chapais，2008）。如果确实是这样，它涉及一种本质上相当稳定的直接互惠形式：时间跨度很短；配偶之间的互动非常规律；他们在孩子身上有相同的遗传利益，因此对彼此的持续性健康都很关心。其他形式的生殖合作也可以通过直接互惠的形式得以稳定。例如，轮流照看幼体可以避免蹒跚学步的幼体阻碍母亲觅食。这将是一种低成本、高价值、平衡和有规律的互惠形式。只要得到回报，它就很容易被偶然的合作意愿稳定下来。

因此，某种形式的直接互惠合作很可能是直立人或海德堡人社会生活的特征，虽然我们还不知道它的具体情况。我认为，更新世晚期古人类觅食经济的重启改变了互惠合作和即时回报互助的相对重要性，间接互惠变得重要起来。互惠和互助的相对重要性的这种转变是渐进且不稳定的，发生的空间也不一致。这种逐渐出现的新的更新世经济是基于更新世晚期生活方式的两个新方面：资源组合的扩展和抛射武器的出现。首先，在大约 12 万年前至 5 万年前，特别是伴随着对海岸和河流资源的更系统的开发（Marean，2011），以及对植物资源更深入的开发（记录显示磨石开始出现），收获的资源有了非常显著的扩展。在此之前，古人类的觅食是通过狩猎和采集实现的，鱼类和相关资源似乎没有在他们的经济中发挥太大作用——虽然鱼骨可能无法保存，但贝类可以保存（Marean，Bar-Matthews et al.，2007；Klein & Steele，2013）。

在这一时期的后半段，在大概 10 万年前，古人类开始了抛射武器革命[①]（O'Driscoll & Thompson，2018）。一些觅食者开始使用标枪和伍默拉投矛器，或者弓和箭。不过，就像技术创新一样，其最初的记录是不完整和模糊的，抛射技术有时也可能失传或被放弃。但一旦被确立下来，抛射技术就变得非常重要。使用高速武器的狩猎改变了狩猎的形式，因为它有利于个人或小型团体跟踪或伏击猎物。人数对狩猎不再至关重要，一个或一对猎人，比一大群猎人更容易隐蔽起来跟踪或伏击猎物。此外，团体作为一个整体会更有效地覆盖当地地区。总的来说，资源组合的扩张和抛射武器革命鼓励了觅食群体从大型向小型的转变。不同的资源（如贝类、筑巢的鸟类等）、不同种类的猎物分布在不同的地方，因此团体分散狩猎不同的目标，可以更有效地捕获猎物。

总而言之，觅食行为的这些转变似乎可以让一个团体的觅食更有效率。如果狩猎资源包括一些低回报率的目标，扩大资源基础可能会付出一些成本，但这将缓冲失败带来的冲击。资源组合越大，所有资源的获取同时失败的可能性就越小。在其他条件相同的情况下，资源流动将更具弹性。最明显的是，如果几个小团体分别在不同的地方碰运气，而不是一整天都盯着少数几个可能

① 检测抛射技术并不容易，需要人种学证据，刺矛的尖通常比标枪和箭头更重、更坚固。撞击留下的痕迹也可以为检测抛射技术提供证据。但这些证据只反映了一种倾向。

的地方，那么空间的搜索效率会更高。在适当的专业技能和装备的支持下，转型为小型狩猎团体，以及搜索更大的觅食范围，将大大提高合作的利益。总收益上升，风险管理就更有效。

然而，与即时回报互助相比，通过直接和间接互惠维持的合作更难监控和管理。

第一，向小型狩猎团体的转变有非常明显的效果。对每一方来说，成功将是多变的，从人种学记录上来看，失败比成功更为常见。运气很重要，它对我们会遇到哪些猎物，以及在什么情况下遇到它们都会产生不同的影响。技能和驱动力也会发挥作用，但是这些技能和驱动力几乎不可能对团体的所有猎人都有用。

如果不同团体的成功率有明显不同，那么在集体狩猎时被掩盖的能力差异之后就将显现出来。这会造成一系列社会张力（social tension）的风险：区别对待能力较弱的人，他们会产生怨恨；平等对待他们，那些更有能力的人会怨恨那些能力较弱的人。

第二，在即时回报互助下，资源可公度性（commensurability）的挑战相对较小。如果一群渔民合作捕获了满满一网鱼，评估一个推荐的分配方案就相对容易。确实，各种鱼大小不同，且有些种类的鱼比其他种类更受欢迎。但是，确认大致相等的分配方案还是相当容易的，同样，对猎物的分配也是如此，即使猎物的不同部位价值并不完全相同。

随着资源组合的扩展，可公度性的问题也在扩大。你采集了一袋贻贝回到营地，而到了第二天，要捕获多少鸭子才相当于你这袋贻贝的贡献呢？再公正的人可能也无法就此达成一致，而且语境和时间会让可公度性进一步复杂化。假设你是那天唯一成功的觅食者：没有你的贻贝，所有人都会挨饿，而你确实也没有吃饱，因为有那么多人等着分享你的食物。这是否意味着你第二天能得到一整只鸭子？如果几周后你才能得到回报，你是否会期待获得更多，以及能多多少？如果在直系亲属之外只共享重要的资源（这似乎是一些觅食者遵循的一种模式），这个问题可能会得到缓解。[①]

第三，贡献和回报之间的可公度性和时间位移问题使主体更

① 朱尔里·维特芬提出了另一种观点：资源的不可公度性促进了原始市场机制的发展，特别是在不同资源的可用性明显不稳定的情况下（因此，适度交换的固定规范也不太可能稳定）。他提到了阿德里安·耶基（Adrian Jaeggi）关于玻利维亚提斯曼人的人种学理论，他们以一种类似市场的，但又有限的方式交换资源：以特定的物质产品换取特定的物质产品，以特定的服务换取特定的服务。维特芬关于资源不可公度性和供给波动之间的相互作用的观点是正确的，但原始市场最多只能调节或替代直接互惠行为，甚至不是用一种资源直接交换另一种资源。直接贸易不像互惠贸易那样存在先发劣势，这使得以物易物不那么容易受到欺骗。在以互惠为基础的合作中，第一个提供帮助的人很容易受到回报损失的影响。但出于同样的原因，互惠可以长期管控风险，而以物易物可能无法做到这一点。

难评估自身与其他主体之间的利益流动。如果集体行动的战利品被当场分配，大家很快就能发现是否有人总是想要更多。对于受影响的各方来说，持久的贪婪是显而易见的。但这在间接互惠系统中就不那么准确了。个人和小团伙返回营地的时间不同。如果他们与他人分享收益，或者从他人的分享中获益，这些交易通常会在其他人回家之前结束。团体成员对其他人的贡献没有直接的、观察性的了解。因此，追踪欺骗行为不再依赖于公共信息，而这些公共信息是合作互动的一部分。当然，团体层面的社会是信息透明的，团体的所有成员都知道谁慷慨、谁吝啬。但这在一定程度上取决于一种文化演化的工具：流言。在集体行为互助中并不需要流言来监控贪婪和搭便车行为，在直接互惠系统中也不需要。在直接互惠系统中，主体会帮助特定的个体，反过来这些个体也会回报这些帮助。直接互惠依赖于记忆以及对付出和回报的适当评估，以确保彼此公平。直接互惠并不需要流言，但间接互惠需要。虽然就如何在算是公平的贡献上达成局部共识这一问题上，流言力不能及，但是这种共识一旦达成，可能就会成为间接互惠系统中确保公平交易的必要条件。这很重要，因为间接互惠是管控风险所需要的合作形式。团体里的各方都在追逐资源，但成功与否各不相同。你今天的贡献会成为明天的资源，不管它是谁成功获得的。

在一些觅食社会中，社会成员在食物上采取了一种“需求共享”的合作形式，即任何有食物的人都有义务与那些没有食物的人分享（Marlowe，2010；Lewis，2015）。实际上，需求共享可能是间接互惠和一些搭便车行为的混合产物。这些搭便车行为之所以被容忍，是因为将那些有些懈怠的人排除在外会引起社会争端，而社会争端的成本超过了容忍这种行为的好处，也许正如尼古拉斯·彼得森（Nicolas Peterson）所指出的，准确记账的付出并不值得它的成本（Peterson，1993）。虽然需求共享为搭便车行为打开了方便之门，但搭便车的效果也受到了一些非正式的压力的限制，因为多产的社会成员会将最好的食物隐藏起来或者在返回营地之前就将其吃掉（Peterson，1993；Marlowe，2010）。尽管存在着某种程度的搭便车行为，但合作行为仍能持续。与其说这是一种威胁，不如说是一种强权。

第四，当互助互动中出现欺骗行为时，例如有人懒散或贪婪，其他人的利益也会以大致相似的方式受到影响。阻止欺骗行为符合所有人的利益。对他们来说，利益是一致的。但对互惠关系网来说，则不一定是这样。再次假设，有一个人经常将贻贝带回营地，但他得到的回报比预想的更少、更吝啬，他会理所当然地认为自己受到了刻薄对待。他面临两个问题：其一，可能只有他一个人觉得是问题，其他人可能认为这种待遇是合理的。为了防止以后也被这样刻薄对待，如果要做出反击，他必须自己动手，同时承担所有的代价和风险；其二，他应该对谁做出反击呢？当互惠是直接的，被刻薄对待的主体知道该谴责谁，且能做出相应的反应。当互惠是间接的，谁获得的回报多以及何时获得的回报更多就不那么明显了。每个人都有一般责任，就等于没有人有具体责任。在真实的觅食者部落中，那些感觉受到不公平对待的人会大声抱怨很长时间，这通常会有一些效果。人种学文献记录了大量关于缺乏慷慨回报的抱怨（Marlowe，2010；Boehm，2012；Wiessner，2014；Lewis，2015）。然而，我们需要解释为什么抱怨经常有效。为什么别人会在意其他人对自己吝啬行为的指责？与流言一样，我们在这里看到了一种有助于稳定合作的文化演化机制。在这样的社会里，关于慷慨的规范很重要，生活在其中的人对那些声称他们不够慷慨的说法很敏感。

第五，向互惠和更广范围觅食的转变具有加强社会契约的间接效果。资源广度的增加使觅食者对流动性的决策更加困难，因为不同资源的消耗速度不同，而且那些低价值的资源只有离营地比较近时，才值得觅食者去收集。在有关觅食者流动性的经济学研究中，刘易斯·宾福德（Lewis Binford）区分了两种流动模式（Binford，1980）。定居流动型觅食者（residentially mobile forager）定期迁移他们的基地，以便在白天从基地出发觅食。物流流动型觅食者迁移基地的频率较低，但任务小组会从基地离开几天或几周，在外露营，以特定食物资源为目标，对其收集和加工后返回营地。物流流动是对不同资源的消耗率存在差异的一种反应，所以对一些觅食者来说，是时候移动了，但对另一些觅食者来说则不然。同样，它也是对一些可预测位置的特定资源激增的反应，而这些资源平时并不多见（如近海岛屿上的海鸟繁殖群）。但这给社会生活带来了压力，社会凝聚力不再能通过日常的面对面的互动来管理了。此外，这还会导致性忠诚度的不确定性，因为有些人会离开几天或几周，而另一些人则会留下来。

本节的结论是，与那些只能通过直接交换和互助的集体行为进行合作的觅食者相比，通过间接互惠进行分享的觅食者能更有效地收集资源和控制风险。但是，依赖于间接互惠的合作容易产生冲突，因此它依赖于一套更为复杂的文化工具。这些工具包括流言、规范和仪式。

互惠的三大支柱之流言

直立人和海德堡人时期的觅食者肯定具有相当强大的交流能力，他们使用的可能是某种形式的"原始语言"。这是一种假想的简化语言，有名词、动词和修饰语，但很少有或没有明显的句法或词法：没有时态标记，没有大小写标记，没有有规律的复数形式，没有办法形成从句那样的从属结构。这种观点的基础是混杂语言和贸易通用语言，即出现在没有相同语言的成年主体之间的交流系统（Jackendoff，1999；Bickerton，2002）。它们通常是有效的工具，但只在有限的话题范围内起作用，如贸易互动，它们严重依赖于交流的语境和彼此的知识。在某些情况下，这些语言系统甚至没有固定的词序来表示主体和受体。可以说，这样的系统是直立人和海德堡人需要的。其通过给幼体提供需要识别和区分的种类的语言标签，就足以组织觅食合作和进行代际学习了。关于哪些交流是重要的可能是有限制范围的，而共享的背景知识可能是广泛的。

正如我们所看到的，更新世晚期的人类需求更高。互惠机制只有在信誉可靠的情况下才是稳定的。在小团体和个人之间的互动因时间和空间而分散的社会环境中，可靠的信誉依赖于流言，即依赖于这些互动的传闻。只有当其他人能告诉你他们的所见所闻时，你才能知晓某件事情。① 反过来，流言对语言也有一定的要求：流言的传播者需要明确指出谁、在何时、在何地、对谁做了什么。其原因或许在于，流言中的动机很重要。而且，流言可能还包括说明其他人做了什么和说了什么，所以流言还需要转述机制。此外，由于部落越来越分散，流言的交换也更少依赖于常识。部落越分散，信息梯度就越陡峭，即个体之间的信息重叠更少。这使得语言更有用，部落成员对语言的需求也更强烈，因为更多的内容必须在言语中明确表达出来。任何实质性的互惠行为的转变都需要语言的升级，正如我们将看到的，其不仅仅需要流言，还需要更复杂的协调和谈判。因为公开性规范对于维持间接

① 罗宾·邓巴（Robin Dunbar）也认为，对流言能力的选择推动了语言的演化，但原因截然不同（Dunbar，1996）。罗宾·邓巴为英国著名演化心理学家、“邓巴数”提出者，其作品《社群的演化》《人类的算法》《大局观从何而来》中文简体字版已由湛庐引进、四川人民出版社出版，《最好的亲密关系》中文简体字版已由湛庐引进、浙江人民出版社出版。——编者注

互惠非常重要，这些规范必须被阐明、解释和辩护。更新世晚期的觅食者需要讨论将来会发生什么事，这些事为什么会发生，而不仅仅是讨论已经发生了什么。在古人类演化的这个阶段，叙事可能也很重要。它是人类社会生活的普遍特征（Boyd，2009），通常是编制部落规范的媒介（Smith，Schlaepfer et al.，2017），同时还是部落仪式生活的一部分，所以更新世晚期的觅食者可能已经拥有了足够的语言技能，可以表达和理解明显的虚构叙事和深奥的叙事。

一方面，觅食者需要语言工具来传播其社交伙伴的流言；另一方面，这可能会影响他们的社交行为。觅食者为什么关心流言？是什么让信誉对他们如此重要？有关财富的文献将文化资本分为三种形式：物化资本、具化资本和社会资本（Bowles，Smith et al.，2010）。

流动觅食者没有太多的物化资本，因为他们是流动的。当搬到一处新营地时，他们必须随身携带自己的物品（物化资本），或者把它们安全地藏起来，这限制了他们累积物品，即物化资本的数量。具化资本是一个主体的身体和认知技能，以及他们的健康、力量和耐力的总和。社会资本是指一个主体在面对生活考验时所能得到的社会支持的总和。这些支持包括发生冲突时得到的支持，以及生病或受伤时得到的支持。此外，如果当地变得不适宜居住，例如发生蝗灾或其他地方性灾害，社会资本还会对主体不得不转移到新团体时的选择造成影响。这关系到主体为自己或亲属争取美满婚姻的可能性。布须曼人和哈扎人的父母希望他们的女儿能嫁给可信赖并能给予帮助的狩猎者，这就要求他们未来的女婿要有良好的信誉。简言之，具化资本和社会资本都对觅食者的生活前景起支配作用（Smith，Hill et al.，2010）。显然，信誉对社会资本至关重要，但它对具化资本也很重要，因为它能影响一个人的信息获取能力，进而影响一个人能否获得一系列技能。特别是在一些觅食者文化中，获得仪式知识的途径受到严格控制，这与一个人是否能完全融入群体息息相关。拥有获得秘密知识的权利本身就是一项重要的社会资本（Keen，2006）。由此可见，觅食者有充分的理由关注信誉。因此，在觅食社会中，能使互惠起作用的诸多机制，其中之一是拥有语言，或者至少是拥有足够丰富的原始语言来支持流言的传播。流言使得关于多个消息渠道的团体成员的信息（有时是错误的信息）通过多种渠道在群体中自由传播，这种传播使原本只有少数人知道的第一手信息变得众所周知。因为信誉很重要，所以主体会对流言予以回应，而主体关心的是别人对他们的看法。

可靠的信誉使合作者能够与其他同样寻求合作的人建立联系。这很重要，因为关于合作的理论研究已经发现了一个重要的一般性原则。在合作者与欺骗者的互动中，如果欺骗者做得更好，那么合作的稳定性就会受到威胁。当合作需要付出代价时，就像共享资源那样，这种情况就很可能发生。代价高昂的合作要保持稳定，就必须做到物以类聚，即合作者必须与其他合作者尽最大可能地互动。如果合作伙伴之间确实过从甚密，那么合作者之间的互动对双方来说都会很顺利，因为双方都难以承受合作伙伴偶尔出现的欺骗行为所带来的损失。如果这样做，这些人就只能在自己不情愿的互动中收获少得可怜的回报。信誉充分利用了合作者之间的优先联系。

流言这种机制并不需要流言完全准确，但是它需要流言相当可靠。在人与人经常相互交流的亲密环境中，这种假设是现实的。在一个多线发送者、多线接收者的网络中，欺骗和纯粹错误的风险都降低了，因为信息接收者通常可以通过多个独立渠道获取有关重要事件的信息。这种获取其他证据的方式限制了错误和欺骗的影响。这两者在私下比在公开场合更具有威胁性。

互惠的三大支柱之规范

流言并不是唯一的重要机制。在本章中，我否认了以规范指导的社会生活的出现对任何团体层面的合作都至关重要的说法。虽然我同意加强合作的部分成本需要分摊到整个合作团体，但对于只有被接受和内化的规范才能激起集体对合作失败的反应这一观点，我并不认同。虽然互助合作并不依赖于被接受、认可和内化的公共规范的演变，但这些规范可能对更新世晚期的互惠经济很重要。

在这些经济体中，规范扮演着两个重要角色。

一是减少模糊性。正如前文所述，我指出间接互惠的挑战之一是不确定性，特别是当资源组合扩大时。例如，一个主体期望能分享到多少资源？别人对这个主体的合理期望是什么？这个主体对他人的合理期望是什么？如果这些期望没有实现，应该怪谁？产生分歧和冲突的风险增加了，原因如下：

- 涉及的个体越来越多。
- 个体关系变得更加复杂，主体有多重义务，这些义务甚至可能相互冲突。
- 更多种类的物品和服务通过共享和互惠，而不是直接交换的方式流转。
- 主体追踪自己和他人贡献历史的时间尺度增加。
- 角色分化的加剧，不同主体以不同方式持续地为群体福利做出贡献（或贡献失败）。
- 社会生活空间规模的增大，即使有流言，空间规模的增大也不可避免地导致主体无法确定他人的所作所为。

所有这些因素都使合作伙伴更有可能误解彼此的期望，因为主体的观察和记忆会有错误，而且不同主体对相对价值的看法存在强烈分歧。在这种情况下，即使一群圣人也会产生激烈的争执。况且更新世的觅食者团体不是由圣人组成的，因此，出于本能的偏见，个体会认为自己的贡献比其他人更突出，这在客观上可能会加剧冲突。用规范明确分享义务以及每个主体对其他人的期望（例如对儿子和女儿赡养配偶父母的义务的期望），就减少了这种不确定性，进而减少了冲突爆发点。有大量证据表明，许多历史上已知的觅食者的资源分配过程都有公开性规范，有时这些规范还非常复杂。例如，在有关澳大利亚西部沙漠土著人种学的研究中，理查德·古尔德详细描述了在觅食者成功猎杀袋鼠后决定袋鼠肉分配规则的规范（Gould，1969）[16–17]。袋鼠的各个部位会被分给狩猎者中特定的一类亲戚（所有人都是亲戚），然后这一部位的肉会再在这类亲戚内部进行分配。例如，岳父的兄弟们可以分享袋鼠的一只肩膀。有权分享的人不必都亲自参与狩猎。分配规则以一种客观的方式明确了人们的期望：所有被抓到的袋鼠都要按同样的规则被分配。在减少不确定性方面，这些规范抑制了冲突点，降低了交易成本。即使没有冲突，如果每一次分享和互惠行为都必须从头开始协商，那将是一个耗时耗力的过程，就像在商品没有固定价格的市场里购物一样。

这些不同的共享规范是如何形成的？这尚未可知，但我认为这是以下因素的混合产物：（1）历史偶然性；（2）人类在处理问题时有的情感和认知倾向；（3）当地的生态环境对继续合作的鼓励作用（共享规范不太可能将代表性主体的贡献和收入完全匹配起来，但差异太大的规范也不可能稳定）；（4）部落内部的结构差异。例如，澳大利亚土著部落的共享规范似乎对老年男性更有利（Hart & Pilling，1960）。随着不平等社会的出现，规范和仪式的使用情景发生了变化，这些结构性差异就变得尤为重要，我们将在第 4 章中看到这一点。

关于社会规范的形成因素，还有另一种重要而有影响力的观点。这种观点认为，文化群体的选择在解释其特征方面起着至关重要的作用。这种观点是基于与建模工作相结合的经验主张的。相关模型表明，许多规范系统一旦建立起来就是稳定的。事实上，这些模型显示，规范一旦建立，即使其内容是极度反社会的、令人不能适应的，也会持续存在，因为它们通过惩罚得以稳定下来。公开研究表明，有规范约束的部落有许多可能的平衡点。然而，这种说法认为，在大多数社会中，规范主要是执行亲社会行为（prosocial behavior）[①]（Curry，Mullins et al.，2019）。这种说法的合理解释是，恰好在亲社会规范上达到平衡的部落往往会在竞争中胜出（Boyd & Richerson，1992；Henrich，2006）。我将在第 3 章中解释部落层面的选择在合作上的作用。但我认为亲社会规范较为普遍并不奇怪，我们不需要用部落层面的选择来解

① 指符合社会期望或对他人、群体或社会有益的行为。——编者注

释这一点。惩罚一旦在部落中被接受和执行，就可以稳定任何规范，而建立一项合适的规范必须与这些古代人类已有的认知和情感倾向产生共鸣。正如肖恩·尼科尔斯（Shaun Nichols）所指出的，活着的人类具有移情和同情的能力，这使亲社会规范变得突出和吸引人（Nichols，2004）。本章的论点表明，在人类的演化史中，规范在相对较近的时期才变得重要。如果是这样的话，第一批遵守规范的人类的思维在这方面很可能与现代人类相似，因为他们的思维已经被长期的联系和合作所塑造，从而产生了更强烈、更生动的社会情感。因此，他们也会发现亲社会规范更可信、更有吸引力。

根据这一分析，虽然不同部落的规范存在很多差异，但在大多数部落中，大多数社会规范都会支持一些亲社会行为。这样，规范的第一个作用是减少了对自己和他人的期望的模糊性。规范的第二个作用与第三方动机有关。通过减少模糊性，有关共享和分配的规范使欺骗行为变得更公开、更难以否认。但发现欺骗是一回事，做出回应是另一回事。如前所述，互惠和互助的一个重要区别在于，互惠失败的代价很容易落在单个个体身上，而该个体往往无法独自承担制裁欺骗者的代价，其需要第三方的支持。然而，是什么促使这些第三方进行干预的呢？确实，第三方可能在制裁中有一些利害关系，即使他们本身并没有受到这次欺骗的影响。那些成功过的欺骗者很可能会受到激励再次进行欺骗，旁观者也许会为此付出代价。即便如此，内化的规范，以及明目张胆的违规行为所引发的愤怒，很可能是动员第三方支持来制裁欺骗行为的关键。行为经济学的实验证据表明，一些第三方（但不是全部）会在最后通牒博弈（ultimatum game）中为惩罚严重不公平的方案付出代价，也会在公共物品博弈（public goods game）中惩罚那些没有为公共资源做出贡献的主体（Gächter, Herrmann et al.，2010）。[①] 这些实验为排除功利化（instrumental）惩罚而设计：实施惩罚的第三方没有理由相信他们将来会与欺骗者互动。规范可以激励奖励和制裁，流动觅食社会中的个体也真正认可并且深度内化了共享规范（Boehm，1999，2012）。这就是人们大声抱怨吝啬行为的原因，也是这些抱怨有效的原因。

总而言之，我对博伊德、里彻森和亨里奇的观点持怀疑态度，他们认为规范是解释任何代价高昂的团体层面合作的关键。不过，合作的稳定性取决于第三方在防止欺骗方面的支持，对于他们的这一观点，我表示认同。这种支持往往取决于这样一个事实，即第三方发现有人违反了一项规范，而且他们对此很关注。然而，对规范的诉求带来了明显的挑战。如果那些欺骗行为没有危及自身利益，而惩罚那些欺骗行为需要付出代价，那么人类的心智如何演化出注意、内化和遵守规范的能力呢？自然选择是怎样促进一个以引导主体进行代价高昂且无私的惩罚为动机的系统

① 最后通牒博弈是由两名参与者进行的非零和博弈；公共物品博弈则是多人参与的博弈，是经济学领域研究公共物品、搭便车行为、如何促进合作等问题的模型。——编者注

的演化呢？关于这项挑战，我们需要分为两个问题来回答。自然选择为什么倾向于能够内化规范的心智？从对规范一无所知到进一步内化规范的途径是什么？要回答自然选择上的这项挑战需要回归到信誉在觅食社会中的核心作用。平均而言，如果一个主体被同伴认为是可靠的、值得信赖的和公正的，而不是自私或不可靠的，那么该主体就更能适应（可能非常适应）自然选择的压力。然而，罗伯特·弗兰克（Robert Frank）在《理性中的激情》（*Passion within Reason*）一书中中肯地指出：

> 到目前为止，看起来值得信赖的最有说服力的方式是真正值得信赖。在小型社交世界中尤其如此，因为在那里很难保守秘密而隐瞒失败。内化的文化规范被选择性地视为对良好信誉的投资。偶尔需要付出成本，但在大多数情况下，拥有良好信誉的主体将获得信任的回报。

乔纳森·伯奇对第二个问题提出了一个很有希望但也很投机的答案。他的观点是，规范性指导是熟练行为的一种形式，它首先在熟练技艺的背景下发展起来。通往规范的道路始于对技艺的自豪或者是出了问题之后的不满，关注自身的工作，也许部分是出于功利性的原因，但更重要的是出于内在的原因。不论他人是否知道或关注，熟练的工匠会将自己的技艺成就视为标准，并且对那些低于该标准的产品流露不满。同样，他们发现成功、熟练的技艺在内在和功利性上都是有益的。这样的内在动机很可能有物质回报，激励个体不断练习并努力改进技艺，最终达到精通。该观点认为，规范最初起源于阿舍利人，因为一些手斧制作得很漂亮。正如伯奇指出的那样，一旦技艺技能的规范性指导得以建立起来，我们就可以预料到，相应的个体执行标准将趋于一致，他们通过社会学习、教学和相互观察，使这些技艺标准成为共同的标准。这并不需要语言，因为这些标准可以是共享的，但也是隐性的。对觅食者工匠来说，他们往往倾向于在公共空间中集体工作（Stout，2002；Hiscock，2014）。如果工匠们用唯一的工具一起工作，情况更是如此，因为他们必须为一个共同的目标而相互协调，而且有暗示性证据表明，早在阿舍利时代就有集体制造工具的行为（Shipton，2010）。在这种情况下，我们预期，熟练工作的规范会成为当地部落中的共享规范，并逐渐变成公开性规范。更新世的工匠们发展出了把事情做对或把错误纠正的内在动机，而把事情做对包括共享标准。如果一个熟练的工匠在面对另一个主体的拙劣技艺时感到不适、不赞成或想要进行指导，那么技艺的规范就会变成他人可以指导的内容。这可能是教学的基础动机之一：指导是为了避免发现事情没做好的痛苦，而不仅仅是为了提高年轻人的技能。

为了发展社会规范，人类需要渐进深入，将内在动机的、由标准指导（规范）的范围逐步扩大到社会互动中，而不仅仅是提高技艺技能。共享觅食活动是一座天然的桥梁，如狩猎。这些活动兼具技艺技能和社会互动的因素。有一种方式可以让狩猎活动顺利进行，它既有社会因素——顺畅的协调、无缝的战利品分配，也有技能与技艺的精确执行。工作表现的自豪感是规范性指导之母。

互惠的三大支柱之仪式

遵循规范的行为没有留下直接的考古学痕迹。如果人种学有任何指导意义的话，那么许多传统文化的规范都是伴随且通过这些群落的仪式生活传播的。反过来，在这些文化中，仪式与该群落的象征物密切相关。参加仪式的人都被涂上颜色；他们戴着面具和其他装备（通常用羽毛、贝壳和其他东西精心装饰）；他们的身体以各种方式做上标记，以表明他们的仪式身份和角色；仪式中还有图腾、徽章和其他特殊物品。有些象征物，例如羽毛头饰，在考古学上是见不到的，但如果它们经常在更新世的典礼上被使用的话，有些就可以见到。重要的是，在海德堡人的考古记录中没有任何象征物的痕迹。但仪式生活的证据在 20 万年前就开始出现了（Jaubert，Verheyden et al.，2016），尤其集中出现在 10 万年前（Rossano，2015）。[①] 最早的证据是赭石的使用，尽

① 有两个更古老但非常有争议的证据：一个是来自摩洛哥的小雕像（大约 40 万年前），另一个则是所谓的贝列卡特蓝的维纳斯，后者是一块来自黎凡特的、神秘的鹅卵石，也许形状像是女人的身体，可能有 70 万年的历史。

管赭石也有实用用途。我们还发现了大约 10 万年前的最早的墓葬证据，来自尼安德特人（Pettitt，2011，2015）。我们开始发现一些特殊的场所，这些场所是人类持续活动的地方，但没有家庭活动的痕迹，也没有准备食物或制作工具的痕迹。到目前为止，发现最早的场所似乎是大约 17.5 万年前的尼安德特人洞穴遗址（Jaubert，Verheyden et al.，2016）。最早的珠宝出现于大约 10 万年前，赭石雕刻大约出现于 8 万年前。第一把乐器可以追溯到大约4.2万年前，但是这些鸟骨做成的笛子在音调上是如此的复杂，它们表明严肃音乐创作可能有更深远的历史（Killin，2017）。[①] 在这一时期，象征物在人类物质文化中的重要性日益突出，再加上墓葬和特殊场所的证据，这些都表明仪式正在成为人类生活中更重要的一部分。

仪式和宗教是密切相关的，我将在第 4 章中更详细地讨论宗教的突生演化（evolutionary emergence）。我认为，仪式和宗教角色的变化在不平等社会的出现上发挥了重要作用。在流动觅食者的社会生活中，仪式以及与仪式相关的深奥叙事在一定程度上是规范传播的载体。但他们也扮演着体验者的角色，在此过程中，群体凝聚力增加了，从而减少了冲突和分歧的分裂效应（Lewis，2013，2016）。因此，仪式和宗教通过传递规范并赋予其权限，将自身与互惠经济的稳定性相关联，同时仪式也通过觅食者的体

① 同样，最早的洞穴艺术（可能稍晚一些）也非常复杂，它暗示着一种更深层次的艺术传统。

验效果与这些觅食经济的稳定性相关联。我已经提过，互惠经济给凝聚力带来了真正的压力，因此原始宗教的出现或其社会意义的扩张，在一定程度上是对这些压力的反应。这些原始宗教的表演行为因为其强大而紧密的体验效果变得很重要。根据这一假设，原始宗教由音乐、仪式和舞蹈多种模式的表演组成，通常与改变体验的技术相结合。歌曲、舞蹈和表演体验的影响通常会通过改变体验的药物或以其他方式对认知系统施加压力得以补充和放大，这些方式包括：睡眠剥夺、体验极端高温或极度寒冷（例如美洲土著的汗屋）、感觉超载、疲惫，或仅通过感受前面这些情绪化体验的强度（Baumard & Boyer，2013）。神话叙事在人种学记录的小型社会的宗教传统中起着核心作用，这些叙事通常作为集体的、社会联结的、社会标记的、混合形态的表演的一部分而被体验，并且经常随着意识状态的改变而改变。主体经历了这些叙事，而这些叙事本身往往很不平凡，是一系列强烈而不寻常的感知体验的一部分，而且他们经常在自己积极参与整个表演的时候，沉浸于协调且有节奏的歌曲、仪式和舞蹈中。

原始宗教的起源

最古老的原始宗教是由具有地域色彩的集体仪式、典礼、歌曲和象征物“打包”组成的，这些“包裹”维持了部落的隶属联系和身份认同。随着社会景观越来越复杂，部落之间的关系变得越来越重要，这也许更令人担忧。宗教的体验感通过增加一套具有特色的神话叙事得到了补充：这些叙事通常维持着一个部落的身份认同、起源以及与地域间的联系。①

一旦族群间的关系必须平衡合作的优势与地方权利的主张时，强调地方权利的起源神话就显得尤为重要。肯特·弗兰纳里（Kent Flannery）和乔伊斯·马库斯（Joyce Marcus）强调，优先占有权是觅食社会中最普遍的规范之一（Flannery & Marcus, 2012：第 4 章）。早期宗教的出现和影响与人类心理已知的各个方面都相吻合。共享、同步的活动将参与者联系在一起。众所周知，集体、协调的活动，如一起唱歌、一起跳舞，就具有这种联结效应。这些活动加强了集体的身份认同，特别是当这些影响被其他机制（例如音乐）放大时（McNeill，1997）。集体体验紧张、厌恶、危险的经历也是如此。那些一起经历过战斗，最后幸存下来的人互相之间非常忠诚，而那些一起经历了激烈而可怕的仪式的人可能也是如此（Whitehouse & Lanman，2014；Whitehouse, 2016）。

综上所述，更新世晚期仪式的扩张在两个方面与本章的观点

① 在一个因果关系不透明的世界中，各种干预方法经常混在一起。

相关。规范往往通过仪式来传授或加强，从而将仪式生活与规范的传播连接起来。与仪式相关的神话叙事的第一个作用是解释和合法化规范，叙事经常以英勇的类似人类祖先的事迹的面貌出现。因此，仪式的频繁出现表明公开性规范的作用越来越大。第二个作用是，仪式活动的增加表明了社会压力的增加，因为仪式是一种可以减轻压力的社会机制。因此，社会对仪式投入的增加既是社会张力加剧的标志，也是对社会张力加剧的潜在反应。二者是相关的，因为向更看重互惠的合作形式的转变将会增加社会张力，因此，我们也期望在考古记录中看到对加剧的社会张力所做出的反应。仪式在小型社会中有许多作用，其中一个作用是加强群体身份认同和团结（Whitehouse & Lanman，2014；Whitehouse，2016）。特别是最初的仪式可能会让人望而生畏。我们不知道更新世的那些仪式是否像人种学已知的一些仪式那样令人感到可怕、紧张和危险。如果是这样的话，在更新世的最初的仪式中，他们会一起体验危险、紧张、恐怖和痛苦的经历——类似于战斗的集体经历。哈维·怀特豪斯（Harvey Whitehouse）指出，许多小社会文化都包含在它们罕见、激烈且令人厌恶的仪式中，他认为这些仪式有助于将不同的个体联结起来，使他们在危险和困难时期相互支持（Whitehouse & Lanman，2014；Whitehouse，2016）。在我看来，考古证据表明，从大约 15 万年前开始，古人类在仪式活动上的投入越来越多，而这就是部落处于压力之下的证据，觅食经济的变化，也可能是团体之间互动的变化，导致部落内部张力变大。这些部落在一定程度上通过加强行动来管理增加的内部张力，而这些行动能增强群体的凝聚力和相互的忠诚度。

稳定合作：从小圈子到大群体的跨越

总而言之，更新世合作的稳定性，不仅仅是盈利能力，取决于文化工具，即那些逐渐出现的、零碎的、通过文化传承代代相传的习惯做法和技能：丰富的语言，足以使流言变得易于传播；公开性规范，用于规定个体在资源生产和分配（当然还有许多其他方面）中的义务和期望；物质文化和仪式生活的出现，而仪式生活既是传播和接受规范的工具，也是加强地域忠诚度和社会认同度的方式。在更新世晚期，合作生活的压力更大，更容易发生冲突，所以这些文化工具在那时更为重要。随着合作和文化的变化，许多其他方面也必须随之改变。人类的思维的发展使得人类不得不使用更丰富的语言，用于理解仪式和神话叙事并为之感动；人类不仅要透过已经发生和将要发生的事情来看待世界，还要从应该发生和不应该发生的事情的角度来看待世界。人类合作范围的扩大依赖于基因－文化协同演化，即文化工具和使用它们的认知能力的演化。在接下来的章节中，我们会探讨人类生活的进一步变化给人类合作互动带来的机遇和压力，这里的变化是指更大的社会规模、更大的社会复杂性，尤其是越来越不平等的社会的复杂性。

章末总结

THE PLEISTOCENE SOCIAL CONTRACT

- 更新世社会契约的形成是为了解决合作中的搭便车问题。通过文化工具（如流言、规范和仪式），人类得以构建稳定的合作体系，降低了群体内冲突和信任成本。

- 互惠经济是更新世人类合作的重要模式，从直接互惠（即时回报）逐渐发展到间接互惠（长期信任），为群体成员之间建立了更为复杂的经济网络。

- 限制强权者和优势等级是更新世合作的核心机制，这通过集体行动、规则的社会化执行以及舆论压力削弱了权力的不平等扩张，使得更多个体能够参与合作并获得收益。

- 流言和仪式不仅是解决利益分配问题的辅助工具，还通过塑造集体认同感和约束社会行为，为合作提供了稳定的文化基础。

第 3 章

超越部落：更大世界的合作

THE PLEISTOCENE SOCIAL CONTRACT

在社会和空间上扩展的合作形式，是以通过反复的文化学习建立的认知和文化工具为基础的。

THE PLEISTOCENE
SOCIAL CONTRACT

跨群体联盟：信任的跨族群建立

到目前为止，我们的分析主要着眼于古人类团体：在一起过夜、每天合作分享食物和其他资源、共同照顾幼体并防御捕食者（在那些捕食者仍然威胁古人类的环境中）的一群人。正如我们在第 1 章中看到的，这种一起过夜的群体差不多就是类人猿的整个社会世界。类人猿社会群体之间确实存在基因流动，但这种流动主要是通过亚成体类人猿的扩散来维持的。例如，一只雌性黑猩猩的亚成体会离开她的出生群体，加入一个毗邻的群体（会有一些困难和压力），但只有雌性亚成体可以安全地迁徙。她一旦离开，就真的离开了，不会回来探望妈妈，也不会看看兄弟姐妹们过得怎么样。

在人种学已知的觅食社会中，团体并不是封闭的。团体之间有迁徙，有近乎一直存在的迁徙，也有短期或长期的迁徙，而且不分性别，也不分生命的阶段。此外，社会组织在纵向上是复杂的：团体嵌套在部落中，规模为 150 ～ 500 个成年人；部落是民族语言群体的一部分，通常有几千人。部落是觅食社会生活的一个重要方面。资源的有限性可能使整个部落很难聚集起来，但在许多觅食文化中，部落在资源相对丰富的季节可以聚集到一起[①]——显然通常是以仪式为目的。澳大利亚土著居民的生活就非常符合这种模式。狂欢会（corroboree）就是一种以仪式为目的的部落集会，这对这些土著居民的生活非常重要。在考古记录中，我们很难追踪到这种更复杂的社会世界的起源和发展。即便如此，由于所有在人种学上已知的觅食社会都是纵向复杂的，这种复杂性很可能早于晚期智人最后一次向非洲以外的迁徙。此外，如果远古人类的状况类似于不同居住群体之间的类人猿相互猜疑的模式，那么它也很难解释部落之间是如何建立相对和平的关系的（当它们确实是和平的时候）。即便如此，在后文中，我将在一些考古学证据的支持下提出一个合理的研究假设。

到目前为止，还有一种关于个人主义的观点：因为合作对合作者个人有利，合作在古人类谱系中得以扩张。一系列观点认为，合作的扩大与群体之间的冲突以及冲突的威胁有关。合作的好处属于团体或部落，而不是其中的个人，这就是合作在我们的

① 对干旱地区的觅食者来说，整个部落一年到头都聚集在有可靠水源和食物的地方。

谱系中不断扩大的原因。本章将讨论这些主题，首先探讨团体之间合作的证据，并进一步阐述这种合作规模扩大的文化基础。接着，我们将讨论团体之间的冲突、冲突与合作的关系，以及合作群体选择的问题。关于冲突和群体选择的结论，我们应持谨慎怀疑的态度：尽管合作可能存在群体层面的影响，但我们可以从个人优势的角度来解释合作。第 4 章的内容将转向更新世末期社会和经济复杂性的增长，这些变化开始影响部分人类部落，我们也将讨论这些变化对合作的影响。更具体地说，我们将聚焦于定居社会的起源、不平等现象的增长，以及合作在这种增长中的生存模式。现在我们先来了解一下团体，把彼此视为“同一类人”的团体，以及由文化关联的团体组成的部落。

认识到觅食团体和类人猿定居群体之间的显著差异是很重要的。首先，觅食团体的定居是开放性的，成员可以流动。个人和家庭离开抑或重新加入团体都相当自由，也不会因此产生怨恨。母亲们可以转换定居群体以探望自己的女儿和儿媳，尤其是后者刚生孩子的时候。同样，冲突也常常通过迁徙来解决。这种开放性结构的成员关系与不同团体成员之间相互支持的联系同时发生，并受其支持。这些联系是通过互惠、亲缘关系和仪式关联[①]来维持的。觅食团体是开放的，允许成员迁入迁出，团体间保持

① 仪式关联是非常重要的。例如，在澳大利亚的许多土著文化中，通过相同的梦世纪（dreamtime，是由澳大利亚土著居民信仰的宗教所形成的世界观，可以理解为澳大利亚土著居民的创世神话故事。——译者注）人物建立的联系是一种重要的社会纽带，因为它被认为是来自同一个地方的一种方式（Meggitt，1962）。

着友好的社会关系。黑猩猩属包含的两个物种的群体更加封闭。一般来说，雌性亚成体会从黑猩猩和倭黑猩猩的定居群体中扩散出去，而雄性会留在它们出生的群体中（Stanford，2018）。雌性一旦完全离开，就不会再回来，而且在大多数情况下（尤其是在黑猩猩中），文明的互动只发生在定居群体内部。倭黑猩猩群体间的互动要少得多（Furuichi，2011）。但这种互动似乎取决于雌性倭黑猩猩对雄性攻击性的控制，而这种控制似乎又缘于雌性倭黑猩猩很容易结成联盟，而雄性倭黑猩猩则不会。如果这是真的，那么古人类祖先的状况很可能与黑猩猩相似。几乎可以肯定，大中型猎物的狩猎参与者是雄性联盟。

其次，团体是更大的社会整体的一部分。觅食团体是部落（团体关系网）的一部分，部落拥有共同、交互且公开性的身份认同。所有或大多数居民间的交换都是在该部落内进行的。部落身份通常以一个独特的集体名称，以及对领地和领地内资源的既定权利为标志。他们通常有一套共同的仪式动作和信仰，包括对部落共同起源的信仰；通常拥有一种独特的语言或方言，尽管这些部落中的许多人可以使用多种语言（Evans，2017）。部落通常是通婚的场所，大多数婚配对象来自这个更广泛的社会世界。部落内的社会信任度通常很高，但部落外的社会信任度则要视情况而定。在一些觅食文化中，团体是集体行动的最大单位（Kelly，2000；Marlowe，2010）。但即使是那些团体，它们也是复杂的、多层次的部落的一部分。

最后，虽然团体不是由近亲组成，但团体内部和团体之间存在广泛的亲缘关系（Hill, Walker et al.，2011），亲缘关系在觅食者的生活中起着重要的组织作用。觅食者的生活是典型的家庭生活，他们与一小群其他家庭共同居住，并嵌入广泛的、公认的、重视规范的亲缘关系网里。亲缘关系对觅食者的生活很重要，更广泛地说，对小的前国家社会的生活很重要。承认亲戚是亲戚，取决于文化的公开性规范和亲缘分类系统。在人类历史的某个阶段，人类学曾以研究亲缘系统为主导。这并不奇怪，因为亲缘关系对小的前国家社会生活的组织起着非常关键的作用，而且亲缘系统通常既惊人的复杂（Levinson，2006），又因部落而异。正如伯纳德·查佩斯（Bernard Chapais）强调的那样，尽管这些差异是真实而重要的，但人类亲缘系统仍然有共同特征。其中有三个特征对于建立超越团体限制的合作非常重要：（1）人类远比类人猿更能把亲戚视为亲戚；（2）承认另一个人为亲戚是合作和（或）建立信任的首要原因；（3）承认另一个人为亲戚并不需要这个人与自己住在同一团体中。正如查佩斯所强调的那样，这种独特的人类亲缘关系形式开辟了跨定居团体合作的康庄大道（Chapais，2008，2013，2014）。

因此，人类的定居群体与类人猿的定居群体有很大的不同。此外，觅食团体关系网形成了更大的社会整体，且并不仅仅是一个虚拟的存在。至少在大多数觅食文化中，这些群体偶尔会聚集在一起，如果他们这样做，或者说当他们这样做时，这些集会就是重要且稳定的合作形式的核心表现。这类合作形式不需要太多监管。其中一种合作形式是为了信息交换，因为那些大型集会会分享关于世界、社会和环境状况的信息。

罗伯特·凯利指出，对一些觅食者来说，生活环境每年都会发生很大变化，这些信息非常重要但又难以获取，因为部落迁徙的区域可能非常广：一个因纽特人群体的生活轨迹覆盖了 25 万平方千米；澳大利亚宾土比人（Pintupi）的足迹可达 5 万平方千米；非洲南部布须曼人的格威人部落（G/wi）① 记录了方圆 2 万平方千米内的信息，并对方圆 20 万平方千米内的情况都有所了解。这些区域比任何觅食者在任何一年中使用的区域都要大得多，但人们的风险管理策略之一就是寻觅这些更大的区域，以防万一（Kelly，2013）[106]。这些较大的群体促进了通婚。当团体聚集在一起时，通常是组织正式婚姻的时刻，毫无疑问，也是少有的促进基因在整个部落内流动的时刻。在集会中，个体与其他群体中的个体，如亲戚、朋友、与他们有某种仪式关联的人，可以恢复和加强彼此之间的横向联系。集会还有助于解决冲突，或通过年长者和仪式领袖的正式调解，或通过个体在部落之间的流动而不太正式地解决冲突。集会产生了一些交易：在 10 万年前，原材料或用它们现场制作的工具，经常在离原产地 100 千米或更远的地方被使用（Marwick，2003）。这些位移也许是觅食小组穿过友

① 布须曼人有两个部落，即昆人和格威人。——译者注

好领地进行的长途迁徙（一种物流流动形式），也许是觅食团体作为一个整体而进行的长期的季节性迁徙，但这些运输距离也可能是贸易网络的标志。

虽然部落层面合作的起源令人费解，但一旦建立起来，这些部落层面的合作形式的稳定性就很容易理解了。这种合作有一个明显的好处，即欺骗没有任何系统性的诱惑力。但觅食者会不时面临合作和集体行动，如果要合作和集体行动，就需要比小团体更大的社会群体，而这确实会使欺骗变得有诱惑力。领地防御可能是一个恰当的例子，我将在下文中再讨论合作与暴力之间的联系。这里的重点是觅食者的土木工程：改造环境，要么使栖息地产出更多他们所需的资源，要么使他们更容易获得这些资源。

火可能是觅食者最早用来改造栖息地的工具。虽然用火需要技巧，而且要谨慎（Garde，Nadjamerrek et al.，2009），但火确实有用。举例来说，火与驱赶线形成了对比。

THE PLEISTOCENE SOCIAL CONTRACT
智人之跃

驱赶线

一排栅栏组成的驱赶线可以将一群动物引向一处极其危险的位置，以便人们更高效地捕获猎物。在北美洲就有许多令人印象深刻的驱赶线，这些驱赶线引导像水牛那样大的动物进入杀戮区，或者更残忍、更有效地引导它们越过隐蔽的悬崖。对于被驱赶的动物来说，这些悬崖非常隐蔽、无法发现，前面的动物在悬崖前无法及时停下，后面的动物的挤压将它们推向了死亡。建造这些驱赶线，需要建造数百米（有时更多）的坚固栅栏。这些栅栏必须非常坚固，以抵抗那些骚乱而愤怒的大型动物的冲撞。建造大型驱赶线所需的资源将远远超出单个团体的资源。有一些驱赶线非常大，博伊德指出，在美国内华达州的威士奇平原，一处羊群陷阱有 2 千多米长的栅栏，需要 5 000 根杜松木桩来建造（Boyd，2018）[70-71]。有证据表明尼安德特人曾将猛犸象赶下悬崖，但考虑到时间久远，没有任何实物证据也毫不奇怪；火在其中可能类似栅栏，起牵制和引导的作用（Papagianni & Morse，2015）[80-81]。

这些大型陷阱和驱赶线的证据大多是全新世的，而不是更新世的。这可能是由于证据保存存在着偏差，但也有可能是由于促成这种大规模合作的文化创新较晚才演化出来，而且这种合作形式在觅食者群体中并不是普遍存在的。在乔治 · 弗里森（George Frison）研究美国西部的著作中，这种合作形式令人印象特别深刻（Frison，2004）。他详细介绍了针对不同环境和不同物种设置的不同驱赶线和陷阱。例如，为了捕获野牛而在峡谷中设置驱赶线，在沙丘中则设置陷阱。他还展示了设置悬崖陷阱抓捕野牛所需的高超技能，讨论了为抓捕美洲羚羊而设计的陷阱的不同构造。例如，在怀俄明州福特桥有一处非常大的陷阱，其栅栏长达数百米（Frison，2004）[134-135]。他还讨论了加拿大盘羊（mountain sheep）的抓捕网。一张约 8 800 年前的抓捕网出人意料地被保存了下来，这张网长 50 多米，宽 1.5 ～ 2 米。它是由杜松树皮绳索编织而成的，这些绳索长达 2 千米（Frison，2004）[165]。弗里森从考古学和人类学的视角，详细阐述了这种狩猎需要巨大的社会性投入：不仅需要具有全局视野，还要有成功狩猎所需的对目标物种的深刻了解。累积文化学习既构建了这种狩猎所依赖的知识，又提供了使协作和分享成为可能的文化工具。

觅食者还以令人惊讶的规模进行劳作，以提高其领地的生产力。澳大利亚土著居民的某些生态工程就需要付出相当大的努力，而且需要足够的技巧。例如，他们建造的捕鱼陷阱有时就令人惊叹。在维多利亚州的康达湖，一处捕鱼陷阱群包括一条长度不到 4 千米的河道，连接两处湿地，或多或少地永久扩大了适合鳗鱼生存的水域面积。这个陷阱群至少可以追溯到 6 600 年前或者更早的时期。这些陷阱会因为改变了当地的水流而发生淤塞。因此，不仅仅是其建造，这些陷阱群的维护也需要土著们的大量投入（McNiven，Crouch et al.，2015）。康达湖陷阱群绝非独一无二，在塔斯马尼亚州沿海有一处石墙陷阱，利用潮汐捕捉鱼类（Stockton，1982），而在新南威尔士州北部的巴旺河上也有一处令人印象深刻的大型陷阱群（Woodfield，

2000）。考虑到这些项目的建设和维护所需要的劳动力，这些都表明这是部落（甚至是民族语言群体）的集体行动，而不仅仅是一个团体完成的。

社会合作规模的扩大必然会带来额外的挑战。协调变得更加困难。谁来寻找、砍伐、挖掘和运输杜松树干？他们在做这些工作的时候吃什么，谁负责提供和准备食物？这一切需要多长时间，驱赶线需要什么时候建造好？如果要建造驱赶线，这些问题就必须解决。特别是在没有正式领袖的觅食社会，如何在适当的时候做出这些决定，而不引起冲突（甚至是严重到破坏整个计划的冲突）并非易事。随着规模的扩大，组织和后勤方面的挑战也在增加。即使利益、信仰和合作动机完全一致，这也是很困难的。但当我们从团体发展到部落（或民族语言群体）时，我们离完美的联盟就会越来越远。个体对彼此的了解将会越来越少，因此也无法建立真正的相互信任。他们不会有那么多共同的历史，因此对能力和动力的变化既没有准备好，也不会那么宽容。即使人们对驱赶线的首要需求达成了共识，但对于具体应该做什么——它的精确尺寸、位置和建造时机，也会有不同的看法。当然，由于这项工作既困难又没有回报，因此人们总会有懈怠的念头，这种懈怠的念头可能还会因为怀疑其他人懈怠而变本加厉，没人想当傻瓜。在更大范围内采取集体行动的挑战似乎非常大，特别是在那些通过说服而非命令进行工作的文化中。大多数（也许是所有）流动觅食者都是这样的。因此，一些觅食者缺乏在团体之上的任何层面组织集体行动的能力，似乎也不足为奇。弗兰克·马洛怀疑哈扎人就不具备这种能力，因为他们没有制裁搭便车行为的机制。

在关于战争起源的重要著作中，雷·凯利区分了两种类型的觅食社会：简单觅食社会与分支觅食社会（Kelly，2000）。在简单觅食社会中，亲缘关系通常能通过父母双方平等地追溯，社会行动的最大单位是团体，团体成员通常与其他团体的个体通过亲缘关系、互惠访问和礼物交换等形式，形成强烈的互惠关系。由于团体间的成员不是由近亲组成的，成员的横向关系是不一致的，同一团体中的个体进出不同团体的社会支持途径是不同的。根据凯利的分析，简单觅食社会通常是没有战争的。如果资源枯竭迫使一个团体进入另一个团体，偶尔会发生小规模冲突，但很少会造成严重伤亡。这些简单觅食社会与分支觅食社会的部落形成鲜明对比，在分支部落中，个体身份与集体群成员身份更加一致。集体群是类似氏族的存在，通常由亲缘关系来定义，但父母其中一方（通常是父亲）的角色要比另一方突出得多。氏族成员在理论上通常都是单一祖先（并不总是真实的）的后代。氏族中通常有不同的家族血统，这可以追溯到单一祖先的不同儿子，而不管他们是真实的还是虚构的，氏族中的个体确实与氏族之外的人有横向关系。澳大利亚的土著文化就符合凯利对分支觅食社会的描述。即便如此，澳大利亚土著还是通过共同的仪式身份认同建立了独立的联系。如果两个个体出生在跟同一个“梦世纪”人物相关联的地方，因为他们是由同一个人物“创造”的，那么他们就是有关联的。这是辨别不同个体是否来自相同地区的一种方式（Meggitt，1962）。但是，通过氏族系统获得集体身份认同是非常重要的（Reid，1983）[85-90]，在澳大利亚和其他地方，这种身份认同有时会通过激烈和苛刻的入会仪式得到加强，并通过逐渐获得宗教性的秘密知识而被进一步巩固（Keen，2006，2015）。

如上所述，一些流动的觅食社会是分支觅食社会。但其中许多是小规模的农业社会，或者是一些定居觅食者，他们的经济来源主要是采集和储藏的资源。这些社会在建立集体身份认同和维持集体忠诚度方面的投入很大，不仅通过共同的仪式生活，还通过共同的物质基础设施，如集会处、父系的房屋等（Flannery & Marcus，2012; Hayden，2014），有时还通过令人生畏的秘密社团来维持（Hayden，2018）。不同团体和村庄的个体可能是同一父系的后代。如果这样，他们就会了解、在意这种身份，并被同群体的其他人所认同。社会身份的这种分支的、集体的因素在许多方面被强化，而且他们在这些集体群中的地位是其社会资本的重要组成部分。

凯利认为，分支觅食社会组织为战争打开了大门，因为一个氏族群体的成员视另一个氏族群体的成员等同于社会，这就把交替进行的谋杀和复仇变成了群体之间的战争。因为尽管杀人犯的亲属可能会忽视杀人犯本人的报复性杀戮（特别是在他明显有罪，且根据当地的习俗对引起他杀人的行为反应过度的情况下），但他们不会忽视对被随机选择的弱势的父系家族成员的报复性杀戮。因此，复仇激起的反应很容易升级为全面的袭击和战争。

我提出了一个更简单的补充性假说。基于氏族的集体身份认同，使得解决要求更高的集体行动问题成为可能，而且是在比单个村庄或团体更大的范围内。既然氏族身份认同调节着他们在氏族内部和氏族之间的社会关系，那么氏族成员的社会身份认同就是高度一致的，因此他们的物质利益也是一致的。这种潜能的一种表现是建设驱赶线、鱼塘和改善湿地等那些超出单一团体力所能及的生态工程；另一种表现是有组织的暴力，而战争是一项特别困难的集体行动。凯利的假设是，集体身份认同是使战争成为可能的社会工具。这种社会工具在一些觅食社会出现过，但并不是所有的觅食社会，这表明它的起源相对较近。如上所述的团体层面之上的集体行动和集体暴力的考古学证据，标志着氏族式组织的出现。正如我们将在本章后面看到的，大部分证据也是全新世的。在下一章中，我们将看到，在乡村社会中，氏族式组织通过一种独特的结构形式留下了考古学的印记。表 3–1 总结了关于大社会规模下合作的观点。

表 3-1 团体之间的合作

团体之间合作的形式	团体之间合作的好处
“和平红利”：团体之间的被动容忍加上团体之间文明的个人互动	• 减少了团体内信息的丢失 • 缓和了团体内随机的人口失衡 • 扩大了信息网络 • 通过一方的退出解决团体内的冲突 • 扩大了生殖合作的女性亲属网络：祖母、姐妹迁徙进来，或者迁出 • 更大的择偶网络
团体之间积极而低成本的合作	• 贸易和类似贸易的交换：在更大的空间规模上直接或间接地获得资源 • 更正式的冲突解决机制
团体之间积极但高成本的合作	• 通过领地的“社会防御”对当地的环境失调进行风险管理 • 大型环境工程 • 集体暴力和防范集体暴力（包括报复的有力威胁）

开放社会起源：冲突与融合的博弈

如前所述，多层次的觅食社会一旦形成，即使不考虑解决大规模集体行动所产生的利益问题，其稳定性也不难解释。因为即使成功的大规模集体行动在分支觅食社会才能实现，但是简单觅食社会享有生殖优势，即获得更大的潜在配偶网络，也享有交换有关本地情况的信息和传播本地流言的好处，以及限制冲突的机会。这些都是有利可图的合作形式，没有太多的背叛诱惑。然而，如果古人类社会的原始状态大致类似于黑猩猩，甚至其他类人猿，被划分为封闭的团体，那么多层次的团体社会是如何出现的呢？罗伯特·莱顿（Robert Layton）及其同事开发的模型，与伯纳德·查佩斯关于亲缘识别在古人类社会演化中的独特作用的观点，二者相结合是对此最好的推测。其基本理念源自莱顿的观点，但他的观点存在问题，而查佩斯对此提供了一个可行的解决方案。

莱顿的假设是，简单觅食部落，如布须曼人或哈扎人的团体网，相当于黑猩猩属的居住群体，也相当于古人类演化早期的团体。这一祖先的团体在数量和空间上都在扩张，并通过数量和空间的扩张慢慢分化，从黑猩猩和倭黑猩猩的生活中可得知这一点，伴随着短暂的觅食伙伴关系逐渐变得更稳定、更重要和更注重合作（Layton，2008；Layton & O'Hara，2010；Layton，O'Hara et al.，2012）。这种扩张是由古人类觅食方式的变化所驱动的，特别是，随着古人类的饮食越来越以肉类为基础，人类逐渐转向了顶级捕食者的生态位。顶级捕食者的种群密度低，活动范围大，其中流动觅食者从狩猎和拾荒中获得很大一部分食物，也同样受到猎物种群的限制。当然，就像觅食者生活的其他方面一样，觅食者的种群密度也有很大的差异。在极具挑战性的极端环境中，如澳大利亚西部沙漠和北极高纬度地区，每 100 平方千米只有一个觅食者；而在最富饶的环境中，可能每平方千米就有一个觅食者。一个引人注目的数据是，在古人类和黑猩猩共同生活的地区，古人类觅食者的密度明显低于黑猩猩的密度（见

表 3–2）。因此，因果顺序如下：文化学习推动古人类向捕食者群体转变，而这种转变反过来又推动了群体的纵向复杂性的演化，因为早期觅食者最初的团体在不断地扩张和分化。

表 3–2　空间的利用

种群	种群密度 / 平方千米
黑猩猩	2.5
阿卡人	0.31
	0.28（巴冈杜地区）
姆巴提人	0.17（恩代莱地区）
	0.17 ～ 0.2
种群	**活动范围 / 平方千米**
黑猩猩（贡贝地区）	9 ～ 12
黑猩猩（努迦地区）	35
姆巴提人	260
阿卡人	490

按照人种学的记录，觅食团体不是早期古人类最初团体的后代，而是这些最初团体内部的短暂联盟和觅食组织的后代，类似于黑猩猩的短暂联盟和觅食小组。随着部落在数量和范围上的扩张，这些觅食团体变得更加重要。因为随着团体数量和活动范围的扩张，其活动范围会超过该部落中个体的日常觅食范围。

随着这个进程的开展，团体（在这个阶段是整个部落）夜间在营地聚集逐渐变得不现实。一起觅食的男性和女性组成了短暂的特设小组，部分是为了安全，部分是为了集体狩猎和采集的效率，慢慢地变成了合作以及日常互动和分享的活动场，这些活动场是稳定而集中的。反复的协作使他们建立了信任和对未来互动的期望，这使合作成为可能。

有一种短暂的觅食小组存在于黑猩猩属群落生活中，但起着相对次要的作用，其在古人类早期生活中也存在，并逐渐变得越来越重要。它成了日常合作的纽带：觅食、分享、照顾幼体和保障夜间安全等。这种团体在觅食者的人种学中有所记录。

如果没有合作，古人类向顶级捕食者生态位的转变是不可能的。更新世中期的古人类缺少能让个体成功狩猎的武器，也没有能让他们在一个猎物上大吃特吃、储存能量的形态结构，从而保护他们免受一连串的狩猎失败的影响。追捕猎物是一项高风险、高回报的策略，因此，将猎物集中起来，并获得备用资源，对风险管理是至关重要的。在莱顿－奥哈拉（Layton-O'Hara）的描绘中，曾经短暂的觅食和狩猎协作体变成了社会协作、信任和合作的核心传统。然而，部落层面上的组织并没有消失。在大多数地方，季节的变化使得这些团体至少可以短暂地聚在一起，也会时不时地在相邻的过夜营地相遇。类似的选择有利于维持这些协作，这样做的优势包括：更大的择偶市场、对各种影响人口数量的事件的缓冲、对非正式冲突的解决，也许还有信息交流。随着认知、动机和生态对规模的约束和限制的逐渐消失，也因为规模的积极优势，部落规模和范围都在逐渐扩张。但随着领地和部落的扩张，迁徙时间的限制迫使部落产生了分支。超过一定的阈值，整个部落就不能再定期改革。但较少的互动仍可能存在，且是有益的。

莱顿的模型有一个非常吸引人的特征。在社会世界从封闭变得开放的过程中，我们不用再解释摆脱团体之间敌意的最初步骤。原始觅食部落在空间上和人口数量上都在扩张，在此过程中，它形成了一种内部结构：短暂的觅食伙伴关系变成了新生的团体，即人种学上所记载的觅食团体。莱顿的模型将解释互不相干且有大量敌对历史的团体如何建立信任这一难题，转换为解释最初相互了解的群体之间如何维持信任这一容易得多的问题，如谁的互动频率下降了，而谁能继续以互利的方式互动。然而，这仍然是一个严重的问题，特别是有证据表明，当一个黑猩猩群体破裂时，每个后代群体中的雄性确实会相互敌对（Stanford，2018：第 4 章）。

在这一点上，人类亲缘识别的独特形式变得与之相关。人类能认知的亲缘关系远比黑猩猩属多。究其原因，部分是因为我们认可父系亲属，部分是因为我们认可姻亲也是亲属，部分是因为我们与广泛的生物学上的关系网保持联系（祖父母、孙子女、叔叔舅舅、姑姑阿姨、堂兄弟、侄女和侄子）；还有部分是因为文化上定义的亲属类别与遗传关系没有太多的呼应。这种认知的某些方面很可能依赖于语言，因此其可能对早期多层次社会的出现没有发挥作用。但对父系亲缘关系的识别很可能很早就开始了。因为即使是直立人母亲也需要供养支持，这个理由就是有说服力的（Opie & Power，2008）。如果这种供养支持来自父亲，那么孩子就会认为父亲是他们的亲属，反之亦然，这就足以形成一个更丰富的亲缘关系网络。这是很重要的，特别是，如果再加上不需要共同居住的亲缘关系，即那些转移到其他新生群中生活的亲属，这个网络就更大了。此外，如前所述，更新世古人类处于社会容忍度和冲动控制能力不断提高的选择压力之下。因为这些能力都是基于合作和合作狩猎的经济的基本要素，所以持续的联盟关系缘于反应性攻击的普遍减少（Wrangham，2019），以及查佩斯认定的基于更丰富的亲缘关系的积极联盟关系的扩大。

这一分析表明，从类人猿特有的封闭的社会世界到更大的部落中开放式筑巢的转变，很早就开始了，是从直立人，或更明显的，是从顶级狩猎者海德堡人（Stiner，2002）开始的。莱顿和他的同事们认为，长距离的原材料运输代表了更开放的关系网络。如果原材料的定期和便利的移动超出了团体的日常移动限制，那么就表明社会世界可能足够开放，允许物资从一个团体流向另一个团体，或者允许其他团体进入他们的领地以获取石料或赭石（Layton & O'Hara，2010; Layton，O'Hara et al.，2012）。这表明具有开放结构的社会组织起源非常早，可能始于海德堡人时期（大约 80 万年前）。这与狩猎的直接证据相当吻合，特别是考虑到测量的距离是最短距离的情况下。正如斯蒂芬·库恩（Stephen Kuhn）所指出的，测量的距离是物资来源地和丢弃地之间的直线距离，没有考虑地形或借助工具移动的情况。因此，长距离的原材料运输可能比这个估计更早一些。此外，虽然关于直立人狩猎的程度及狩猎在直立人生活中的中心地位存在争议，但是关于海德堡人狩猎的争议很少。这种转变始于海德堡的观点也与社会世界更加开放的另一个间接标志相当吻合。我在第 1 章中曾指出，在封闭的社会世界中，很难确立区域性的创新，因此很难在考古学上找到相关记录。现在，考古记录中有一些迹象表明，在 80 万年前之后，创新率出现了上升趋势。如果这里所描绘的具有团体关系网的多层次部落的出现是正确的，那么我们应该看到越来越多的证据表明，创新速度的加快、原材料移动距离的延长，以及古人类觅食经济中食肉痕迹的增加，所有这些大致上是在同时发生的。

上述观点可以认为是向多层次社会组织转变的进一步描述。虽然团体之间一些和平的利益互动仅取决于合理的相互包容，例如允许其他团体成员通行去挖掘石料，另一些利益则取决于更为积极和坚定的合作形式（见表 3-1）。其中之一是人类开始在具有挑战性的极端环境中定居。特别是，如克莱夫·甘布尔（Clive Gamble）所指出的，随着持久的社会网络的出现，古人类的社会生活发生了重要的变化，主体能够相信自己在这个持久的社会网络中有一个稳定的位置。甘布尔在自己的著作中对此做了全面阐述（Gamble，2013）。这些网络将主体从邻近区域中解脱出来。例如，一个主体或一群主体，可以离开部落独立地移动或觅食，因为他们知道当他们重新加入部落时，仍然会被认为是其中一员，他们的社会资本也不会受损。甘布尔认为，被认可和持久的亲缘关系是社会网络持久性的重要基础。在他看来，人类向非常困难的生态系统的渗透依赖于这些稳定的社会网络。干旱地区和北方高纬度地区人口密度很低，通常只有几个家庭的小型过夜营地（尤其是在干旱地区）。在这些生产力低的环境中，人口必须高度分散，以便获得足够的资源来满足他们的日常需求。这些非常具有挑战性的环境在古人类历史中似乎很晚才出现，大约出现在 5 万年前（Gamble，2013）。从中长期来看，如果没有与更大的社会网络的稳定联系，这些小群体在经济、人口和信息方面都是无法持续的。如果没有这些大型社会网络带来的风险管理、社会交换和信息共享的好处，这些环境中的觅食者也很难长期生存下去。

这就暗示了一些时间上的矛盾。在早期的多层次社会形式中，团体之间相互包容，有一定的居住灵活性，在季节性的丰裕时期，偶尔会聚集成一个更大的部落。由此，他们可以得到一些好处，如性交换、非正式的冲突控制（允许冲突的个体彼此远离），也许还可以信息共享。海德堡人很可能生活在一个类似的社会世界里，这个世界比黑猩猩属的世界更加网络化和开放，但还没有在敌对环境中相互支持所需的文化工具。团体网络相互包容，偶尔以相当和平的方式聚集在一起，我们几乎可以肯定，这是单一民族的部落的前身，这些部落通过共同的规范、仪式、基础神话和（通常）独特的语言或方言联系在一起。具有这些特征的部落可能是干旱沙漠和北方高纬度地区生活所必需的。

为了在这些环境中安全生存，可能需要公开性的、普遍认可的互惠机制，互惠机制允许一个团体中的个体在面临严重麻烦时请求支持，并期望得到支持。在这些苛刻的环境中进行风险管理需要团体之间的积极合作，而不仅仅是忍耐和包容。如果没有接近完整的语言、公开性规范、通过文化工具增强的亲缘系统、仪式和共同的仪式身份认同，这些积极的合作形式可能就无法建立（Sterelny，2014，2017）。由此可见，这种跨团体的合作形式可能需要认知和文化工具，而这些工具只有同时期和接近同时期的古人类才有。非洲南部的 Hxaro 交换制度就是一个范例，作为一个相互交换礼物的系统，它表明了这些紧急支持网络的存在，并对其提供支持（Wiessner，2002a）。而所谓的普遍的亲缘系统，即将特定社会世界中的每个人联系起来的系统，也是如此（Barnard，2011）[80–82]。

合作的代价与馈赠：矛盾推动演化

正如文中所述，合作中社会和认知工具的缓慢发展使战争成为可能。战争是高风险集体行动能力的一种表现，而这种能力又依赖于一些觅食社会及其继承者构建的文化制度。部落之间严重致命的冲突依赖于文化创新，而正是文化创新使他们的合作成为可能。另一种观点认为，战争和合作是协同演化的：群体间的冲突和合作是因果耦合的。赫布·金迪斯（Herb Gintis）和萨姆·鲍尔斯（Sam Bowles）及其合作者（Bowles & Gintis，2003，2011；Bowles，2008），罗伯·博伊德、皮特·里彻森及其同事（特别是约瑟夫·亨里奇）分别以两种不同的形式（Richerson，Boyd et al.，2003；Richerson & Boyd，2013；Boyd，2016；Henrich，2016）发展了这一观点。他们的观点都是建立在理查德·兰哈姆的观点之上。兰哈姆认为，古人类群体间的互动与黑猩猩群体间的敌意是由同样的动力驱动的（Peterson & Wrangham，1997；Wrangham，1999）。黑猩猩群体之间的关系几乎都是敌对的。[①] 合适的领地总是有限的，因此邻近群体的资源，包括族群内的雌性，都是一种诱惑。因此，攻击并杀死另一个群体中孤立的雄性总是符合一个群体中的雄性联盟的利益。如果相

① 遥远西部的黑猩猩泰群落似乎是少数的例外。雄性会进行巡逻，但群体之间的致命暴力要少得多。巡逻有时似乎是为了与邻近族群的雌性建立联系。有迹象表明，倭黑猩猩的性行为是在雄性巡逻遇到邻近群落的雌性时应对群落间紧张关系的一种方式（Stanford，2018）[78]。

邻群体的雄性更少，进一步的杀戮将加大双方力量的差距，甚至可以将对方完全赶走。如果相邻的群体有更多的雄性，杀戮会减少它们的优势，使自己被兼并的可能性降低。因此，正如两组理论家所认为的那样（其中博伊德－里彻森的观点更加细致），古人类的基本状况是，在资源匮乏的条件下，族群被分成相互敌对的团体或群体，这可能是由不稳定的更新世气候造成的，也可能是由于人口扩张到了最大限度。

在这种具有选择性的环境中，一方成功占领其邻近群体的领地，将对双方都产生巨大的适应度影响。这将是一场灾难，至少对失败方的雄性和幼体来说是如此。对获胜者来说，这将增加他们的适应度。由于这种霍布斯式的团体层面的社会世界被认为是默认状态，任何增加成功概率的变化都会有强大的压力。最明显的是，团体层面的选择将强烈倾向于进攻和防御方面的合作，以及在战斗中承担风险的无私意愿。鲍尔斯和金迪斯建立了种群遗传模型，以表明在这种情况下，在合理的成本和收益假设下，一种利他主义的战斗意愿基因可能会扩散开来。但他们认为，群体之间的文化差异可能也很重要。博伊德－里彻森的观点完全依赖于群体内部和群体之间的文化差异。假设一个群体的文化习俗将其成员联系得更紧密，它的实践活动就能更有效地灌输相互支持的规范，以及对怯懦的厌恶和羞耻，它的决策实践活动也会使攻击和防卫更加协调。这样的群体更有可能占据上风，而在占据上风之后，它的亲代群体可能在很大程度上会拥有相同的习俗、规范、初始实践活动和决策模式。相邻的群体，在看到成功的部落扩张后，可能会至少复制一部分这些扩张的群体的习俗和实践活动。我们在本章开头提到的分支觅食社会，其强大的集体身份认同的规范，以及不仅在团体和村庄层面，而且在更大的组织规模上建立忠诚度的方式，都很好地契合了适应冲突的文化图景。根据这一推理思路，在一个充满冲突的世界里，存在一种形式的群体选择：一个具有能解决战争中特别困难的集体行动问题的文化背景的群体，其繁荣是以牺牲具有不同文化背景的群体为代价的。随着这些群体的繁荣和扩散，他们的文化属性也在不断发展（Birch，2017）。

对于兰哈姆根据这一分析依赖于基线条件提出的观点，无论是基于分析还是基于经验，我都持怀疑态度。古人类的情况与黑猩猩大不相同，这个观点重塑了永久敌意的成本和收益。首先，它使多层次社会的起源更加神秘。鲍尔斯－金迪斯认为种群间的关系是黑猩猩式的敌意，因为定居群体间的相互猜疑被武器化了。其次，古人类是直立行走的，而且是从食物链的高处获取资源的，因此与黑猩猩相比，古人类的领地巨大，人口密度却低得多。以下是两个森林觅食群体（姆巴提人和阿卡人）和两个黑猩猩群体（Layton & O'Hara，2010）之间的对比。

值得注意的是：第一，古人类觅食者的活动范围比黑猩猩大得多，尽管二者都住在森林里，有大致相似的栖息地。正如我们在前文中提到的，一些觅食者的活动范围甚至更大，人口密度更低。第二，大片区域（指相对于人口规模显得较大的区域）无法通过对领地边界的积极巡逻来守卫，尽管在领地内的富饶地区很可能是这样做的。第三，黑猩猩不会追踪、跟踪或伏击，但古人类狩猎者会这样做，这使得在敌对区域进行挑衅性的巡逻变得更加危险。[①] 由 4 只左右的雄性黑猩猩组成的“巡逻队”会遇到的最糟糕的情况是，遇到更大的群体，然后被赶走。它们不会遭受突然的伏击。第四，即使古人类和黑猩猩一样，标准的致命优势比例为 4 ∶ 1，但是正如第 2 章所指出的，武器技术改变了风险评估标准。在这种情况下，一个携带长矛的落单雄性古人类很可能会失败，但他也有机会给对方造成严重伤害。第五，劫掠所获的预期利益并不像分析显示的那么有诱惑力。流动觅食者没有太多的物质财富或食物可被掠夺，这一状况因定居生活而发生改变。接近雌性也不会成为一个必然的优势。雌性黑猩猩会在没有父系任何支持的情况下抚养后代。对于雄性黑猩猩来说，通过性途径接触更多的雌性总是意味着适应度的提高。这不是最近的古人类的模式。父系通常直接或间接地提供物质供养，这种供养很重要。因此，只有当雄性也能为可能产生的任何后代提供适当水平的物质供养时，与一群新丧偶的雌性（它们的婴儿也可能已被

① 正如罗恩·普莱纳向我指出的那样，兰哈姆的设想可能更符合早期古人类的演化情况，即在有效武器、跟踪、追踪和伏击出现之前；如果是这样的话，这种情况可能会导致雄性之间的合作，也许同时选择了劫掠狩猎和伏击狩猎的能力。

杀死）发生性关系才能提高适应度。这并不是小事，在一夫多妻制的觅食社会中并不是所有的妻子都生育孩子，尽管肯定有例外（Hart & Pilling，1960）。① 最后，兰哈姆的分析忽略了潜在的和平红利。这超出了实际冲突的成本和避开危险边界区域的成本（见表 3–1）。相邻的觅食者群体可以并且确实会通过互相帮助来管理风险。由于生态干扰通常是分散且不可预测的（例如自然火），一个群体可以通过这种方式来规避风险：允许陷入困境的邻近群体进入自己的领地，并期望在自己需要时能受到类似的对待。在这种文化习俗中，群体相互承认彼此的领地优先权，同时期望在领地面临压力时能慷慨地行使这些权利。罗伯特·凯利称这是对领地的“社会防御”，并将其视为觅食者与领地之间的默认关系（Kelly，2013）[155–158]。这种风险管理是一种群体对群体的直接互惠形式：这种帮助的成本不高，但收益非常显著。它是开放式的，没有人知道下一个需要帮助的是谁或什么时候，也是对称的，并易于跟踪和管理，因此在演化上是稳定的。再强调一下，范围的大小也很重要。黑猩猩的领地更小，分布密度更大，所以更有可能出现的情况是，当一个团体在领地遇到困难时，其邻居们通常也会遇到类似情况。

① 我还怀疑，针对那些充满敌意和报复心的众多的妻子的管理成本不会很小。在觅食社会中，这种管理并不容易，因为考虑到她们自己觅食的重要性，妇女不可能被限制在一个家庭或一个营地里。此外，一个武装的女性可能会杀死一个睡着的或分心的男性。我怀疑雌性黑猩猩在体力上是否能做到这一点。

实证数据与这些分析相吻合。从更新世觅食者的骨骼来看，没有证据表明这些觅食者存在资源紧张的情况。例如，没有证据表明觅食者普遍存在缺食性营养不良的情况。正如我们在前文末尾所提到的，人类似乎直到大约 5 万年前才开始在最贫瘠的栖息地生活。同样，作为人类开发低回报资源的证据，弗兰纳里提出的广谱革命（broad spectrum revolution）① 发生在更新世晚期（在约 2 万年前的中东地区）（Flannery，1969；Zeder，2012）。虽然这一证据远不是决定性的，但它表明，在几乎整个更新世，资源压力并没有迫使古人类依赖低价值的栖息地或低价值的资源。这并不奇怪，因为自然承载能力对种群规模设定了严格的限制，这一概念并不适用于像觅食者那样积极管理栖息地的种群。

有直接证据反映了暴力行为的出现，但其出现时间很晚。有些人类遗骸看起来很像是经历过大屠杀或战争：大量遗骸一起被发现，骨骼上有多处创伤。但这些遗址中，最早的是更新世末期，正是古人类开始向定居生活方式转变的时期（Flannery & Marcus，2012；Kim & Kissel，2017）。在整个更新世时期，没有证据表明建立营地是出于防御的考虑。我们发现的那些营地似乎更像是避难、方便获取水和其他资源的场所（Finlayson，2014）。同样，也没有证据表明，更新世有为战争而制造的武器。也许，

① 冰后期生态环境变化对更新世末人口与资源的平衡关系一定会产生相当大的冲击，一些资源的绝灭、消失和迁移会迫使人类利用以前不利用的资源，这就是中石器时代所特有的广谱革命。

即使战争很常见，我们也不应该期待这样的证据出现。因为在考古记录中，狩猎技术和军事技术看起来几乎是一样的，更新世的皮革和木制盾牌无法保存下来。但是以新石器时代为研究对象的考古学家把投石器当作单兵武器，而不是狩猎武器，而且在更新世的遗址中没有发现投石器。大约 3.5 万年前的洞穴艺术几乎贯穿了整个更新世，上面没有任何关于战争的描述。对动物、狩猎和性的描述比比皆是，但没有对暴力的描述（Guthrie，2005）。当然，我们掌握的证据非常不完整，可能具有误导性。正如金（Kim）与基塞尔（Kissel）指出的那样，更新世时期的大量的冲突事件在考古学上是见不到的，但我们现有的证据并不足以证明更新世的古人类已经军事化（Kim & Kissel，2017）。

我并不认为更新世的人类世界是一个永远和平的世界。如果有人告诉我更新世觅食群体之间的互动总是和平的，我会非常震惊。资源冲突、性冲突，抑或纯粹是火爆脾气肯定也会时有失控，这与流动觅食社会中谋杀率高的原因是一样的。当紧张局势加剧时，没有制度机制可以进行权威性的干预，以实现和平（Boehm，2000，2012）。我认为更新世种群间的冲突一定存在，我甚至怀疑一些冲突有时会造成严重的伤亡。更确切地说，我的观点有以下四点。第一，在更新世，紧张和暴力并不是群体间互动的常态。他们的关系通常是文明的，或者更融洽的。第二，因此，部落间的暴力及其威胁在群体层面上，并没有对合作规范和习俗造成强烈的压力，特别是使群体在进攻和防御方面更有效的规范和习俗。如果在更新世的大部分时间里，流动觅食者都是出于军事效率的考虑而被选择的，那么我们应该看到集体内部存在一些规范和态度，有利于发布命令和控制决策。但我们看到的并不是这样。人种学证据表明，当部落间暴力行为高发时，这样的规范才会出现，它们与典型的流动觅食者的规范非常不同。当部落间的暴力威胁很大时，我们会看到一个非常不同的社会组织：家庭关系被淡化，雄性之间的关系更突出（Rodseth，2012）。相比之下，流动觅食文化的典型规范强调个人决策的自主权，并否定了任何个人都有权发出命令的观点。第三，不需要用强有力的群体选择来解释群体内部的合作规范和做法。一般来说，合作行为会通过良好声誉带来的适应度回报，让个体的适应度最大化。第四，虽然没有明确的证据，但我愿意接受这样一种可能性，即文化群体选择在解释自更新世晚期开始的、新的且更复杂的社会生活方面发挥了重要作用。例如，分支部落之所以普遍存在，可能是因为它们组织更大规模集体行动（包括战争）的超强能力，胜过了未分支部落。帕马－恩永甘语系在澳大利亚大陆大部分地区都占主导地位，这在澳大利亚人种学中一直是一个谜题，一种假设认为，这一语系与一种社会分支的特定形式有关（Henrich，2016）[176–180]。在下文中，我将为自己的这一系列观点提供一些框架，然后在第 4 章中转而讲述更新世最末期的社会变革。

选择的博弈：个体、群体与文化的角力

讲到这里，我已经提出，一般来说，合作对个体合作者是有利的。合作是通过对个体有利的选择而演化的。合作是有利可图的，但不是无私的。正如我们早先在讨论合作与暴力之间的联系时所提到的那样，这并不是唯一的观点。因为合作是昂贵的，它经常被视为个人利他主义，所以我们认为，合作的起源和稳定性只是因为利他的个体使其所在群体受益，而群体受益是昂贵而利他的合作的起源和稳定性的原因。甚至达尔文在著名的《人类的由来》（*The Descent of Man*）一书中也被这个观点所吸引：

> 当生活在同一个国家的两个原始人部落开始竞争时，如果……一个部落有很多勇敢、友爱且忠诚的成员，他们总是准备好互相示警、互相帮助和保护对方，这个部落会更成功，并能征服另一个部落。

然而，在对合作演化的分析中，群体选择扮演了一个复杂、纠结和有争议的角色。人们提出了以下观点：第一，群体选择可以解释个体利他行为模式，这种行为模式虽然给行为主体带来了净生命周期成本，但对社会群体有益；第二，群体选择可以解释群体特征现象，但不能解释群体内个体特征现象。以民族为基础群体的社会组织是一个部落的特征，而不是部落内个体的特

征。最近，还有人建议用群体选择来解释规范和习俗在群体中的分布。特别是群体选择应该解释为什么许多社会的许多规范是亲社会的。根据我们在第 2 章中讨论的思路，这种分布需要得到解释，因为这些亲社会规范驱动的惩罚可以稳定大量的、各式各样的规范，包括破坏性的规范（Boyd & Richerson，1992；Henrich，2016）。如果惩罚的代价很高，遵从行为模式就是个体的适应，否则这些行为模式将导致严重的适应不良。在中国传统社会中，缠足就是一个类似的例子。这个示例表明，社会的破坏性规范是存在的。但是，该观点认为，破坏性规范相对较少，因为群体之间的这种选择会使它们建立的部落处于不利地位。

因此，对于群体选择可能有不同的解释。[①] 这些假说的选择机制不同，适应度概念化的方式也不相同。一个群体可能比另一个群体更适应，因为这个群体中的个体，平均来说，比邻近群体中的个体更适应。群体中的生命赋予了群体中的个体一种优势，而适应度就是这些个体的生产力。当这些后代扩散形成新的群体时，他们往往具有那些使其出生的群体生产力更强的相同特质。这就是所谓的“多层次选择 1”（multi-level selection 1，MLS 1）。或者，一个群体可能比它的邻近群体更适合生存，因为它不太可能灭绝，或者更有可能建立新的群体（像它自己）。在这里，当我们计算赢家和输家时，我们计算的是群体，而不是个体。这是

① 对于不同形式的群体选择的准确分析，参见 Okasha，2006；Godfrey- Smith，2009；Birch，2017。

“多层次选择 2”（MLS 2）。

关于合作的群体选择的解释在直觉上是可信的，因为一些合作行为似乎对个体来说代价很高，对获得帮助的群体却有着惊人的好处：英雄挺身而出，让其他人得以逃脱。在过去的 50 年里，在一部伟大的演化论经典著作（Williams，1966）的启发下，演化生物学家大多对群体选择持怀疑态度。产生这种怀疑的一个原因是，从演化论的角度来看，要证明人类存在利他主义是非常困难的。因为我们不是解释特定行为的演化，而是解释行为模式，即在特定环境下以特定方式行动的倾向的演化。这些就是行为策略（Birch，2017）。

THE PLEISTOCENE SOCIAL CONTRACT
智人之跃

英雄主义的行为策略

平均而言，一种行为策略可以使采用它的行为主体受益，即使在某些情况下代价高昂。战斗中的英雄人物虽然以死亡告终，但带来了胜利，这似乎是明显的利他主义。对行为主体来说，这让其付出了生命的代价，对他的部落来说却有很大的好处。但是如果活着的英雄获得了丰厚的回报，那么英雄主义可能是一种高风险、高回报的策略，对于合适的主体来说，平均而言，这种策略是值得付出代价的。

因此，虽然存在明显有利于部落的行为，并且行为主体的成本远远大于其收益，但利他策略的存在仍并不明显。对此持怀疑态度的主要原因是来自内部的破坏。我们承认，由利他主义者组成的群体会比由利己主义者组成的群体表现得更好。但是在二者兼有的混合群体中会发生什么呢？这很重要，因为群体在迁移和突变的进程中自然而然会产生变异，所以我们认为群体应该是混合的。在混合群体中，S型个体比A型个体生活得更好，[①]因为他们具有无须支付成本就可以生活在合作群体中的优势，他们欺骗了合作群体。群体选择在群体层面上有利于利他主义，而个体选择在混合群体层面上破坏了利他主义，这是一场竞赛。原则上，群体选择可以赢得竞赛。但这要求S型个体几乎不会出现在利他主义群体中，因为S型个体很难迁移到利他主义群体中。对此，标准观点是，个体选择几乎总会压倒群体选择，尽管随着时间的推移，这种观点受到的争议越来越多。

在这一分析中加入文化学习和文化传承，会在很大程度上改变动态变化。因此，最近的许多文献都把重点放在文化群体选择上，以此来解释合作。一旦文化学习成为人类环境的普遍特征，那么，首先，它往往使群体和更广泛的社会网络内部同质化程度更高，特别是当个体倾向于汲取其群体的典型做法和习俗

① S = Selfish 利己主义；A = Altruistic 利他主义。

时。[①] 其次，它往往使群体之间彼此不同，因为早期习俗和规范的偶然差异会成为根深蒂固的特有的当地传统。此外，与遗传演化相比，这些差异出现得很快（Richerson & Boyd，2001；Boyd，2016）。最后，它往往会增加迁徙的难度，特别是在不同民族语言群体之间的迁徙。随着群体之间的差异越来越大，适应新群体的生活难度也越来越大，因为他们的习惯、习俗和语言都不尽相同，都必须重新学习。即使迁徙者被接纳，其也有很多东西需要学习，而接纳的条件往往取决于迁徙者是否接受新部落的习俗。普遍文化学习倾向于产生更大的群体间差异和更小的群体内差异。因为与纯粹的遗传模型相反，群体之间的迁徙可能不会在群体内部产生变异。如果迁徙者被引导去遵守他们所加入的群体的习俗，那就不会产生变异。这些条件使得群体选择更加强大，因为它会导致更多的变异产生，而个体选择的力量变小，因为群体内的差异逐渐减少。甚至基因差异也在某种程度上被墨守成规的文化学习所掩盖，基因型差异转化为表型差异的可能性减少。这就是文化群体选择，因为文化学习既解释了群体间差异的增加，也解释了群体内差异的减少。

如此理解，文化群体选择很可能在人类演化中发挥了重要作用。然而，我已经提过，我们不需要它来解释更新世互助合作或

① 要么通过某种形式的老规矩学习，要么个体都倾向于向群体中最有威望的几个个体学习。

互惠合作的起源或稳定性。在下一章中，我们将通过在大约 1.2 万年前更新世和全新世交界之际出现的更加复杂和不平等的社会世界来探讨合作的稳定性。在我看来，没有明确的证据表明群体选择推动了全新世早期的社会变化，但它可能确实产生了影响。在这一点上，群体之间的冲突显然变得重要起来，这使得群体选择成为一种合理的变化机制。

我们可能需要文化群体选择来解释分支部落的扩散，如果它们的扩散是因为有能力在更大范围内组织集体行动而以牺牲简单团体为代价。这将是我们第二个解释目标的一个实例，即对群体特征的群体选择的解释。演化论者对此也持怀疑态度，他们认为群体层面的特性是群体中个体选择的总体结果。在乔治·威廉姆斯（G.C. Williams）的生动例子中，一群马跑得快是因为每匹马都在速度方面被选择了。与此类似，导致分节社会形成的个体选择会寻找有利于个体的因素，这些因素始于优先考虑通过父系与他们联系起来的亲属，以及投入更多以维持和加强这些联系。粗略地说，我们可以通过军备竞赛看到这种变化是如何发生的：一旦一个父系遗传关系的群体，作为一个原始氏族组织起来，且其具有新兴氏族的集体影响力，其他群体就会被迫以同样的方式回应。一种特殊的社会资本将成为个人适应度的关键。拥有这种形式的社会资本的个体，有能力解决具有挑战性的集体行动问题，以牺牲他人为代价获得个体适应度。其他人也会受到激励，优先考虑自己的父系亲缘关系。我们将在第 4 章中详述群体选择和群体间冲突的问题。

在本章中，我们关注的重点从团体内的互动转向了团体间的互动。互动的一种形式是冲突，本章讨论了关于更新世的一个有影响力的观点：冲突是常见的，是一种长期的威胁，这种威胁通过某种形式的群体选择塑造了团体内的社会生活。本章对这一观点持怀疑态度，但它对全新世可能有一定的影响力。值得肯定的一点是，本章描述了团体之间合作关系的出现，这种合作关系可能是从海德堡人开始的，但在接下来的 80 万年里变得更加丰富和稳定。这些在社会和空间上扩展的合作形式，是以通过反复的文化学习所建立的认知和文化工具为基础的。其中，文化介导的亲缘识别的扩展，以及其在一些部落向氏族式合作组织的转变，可能是最重要的。

- 随着定居群体之间联系的加强，人类社会从封闭的本地群体逐步发展为更加开放的网络社会，这一转变扩大了合作的空间和社会规模，同时带来了更多文化冲突与资源分配的挑战。
- 合作的社会和空间规模的扩张促进了文化群体选择的作用，各群体通过共享的语言、规范和文化价值体系实现了跨越亲缘关系的协作，并在冲突中强化了自身的凝聚力。
- 开放社会的形成不仅推动了合作的普及，还带来了治理和社会组织的新问题，例如如何管理陌生人之间的信任，以及如何解决跨群体资源竞争。
- 合作从单一群体扩展到多群体网络，不仅是为了适应更大的生存挑战，也是人类社会从简单走向复杂的必经之路。

第 4 章

等级与共存：不平等的合作悖论

THE PLEISTOCENE SOCIAL CONTRACT

在完全的等级社会世界中，
恐吓和统治仪式是十分重要的特征，
它们起源于反平均主义社会。

THE PLEISTOCENE
SOCIAL CONTRACT

农业革命：等级制度的诞生时刻

从大约 1.2 万年前的更新世末期开始，在世界的许多地方，人类的生活开始发生巨大的变化。流动生活开始被定居生活所取代，驯化资源从一开始作为野生资源的补充，到后来大量取代了野生资源。社会生活的规模扩大了，社会世界变得不那么平等了。通过这场激烈的革命，合作得以继续，甚至可能有所扩大。此外，在这些早期的等级社会中，合作并不依赖于对早期国家和酋邦的那种有组织的有效强制。借用布赖恩·海登的术语，它们是“反平均主义”（transegalitarian）的部落，即在权力和财富方面存在显著差异，但领导权尚未世袭，正式的强制和命令制度尚未建立。此外，上层集团与其他人混住在一起，会使各等级的人都很容易受到流动觅食文化中压制等级制度的物理措施的影响，尤其是非上层集团容易受到一些涉及暴力的物理手段干预。也就是说，以直接强制维护压制等级制度在某些情况下可能很重要。海登记录了大量的人种学证据，证明了这些反平均主义部落中秘密社团的存在，以及他们实施强制和恐吓的情况（Hayden，2018）。

为了理解这些变化，我们必须确定以下因素之间的相互作用：

- 一个更倾向于定居的社会的建立。
- 以农业（或畜牧业）为基础的经济。
- 随着专业化和贸易的增加，人口规模急剧增大。
- 更大、更复杂且严重不平等的社会世界的建立。

从流动觅食的生活到以驯化为基础的定居生活的转变，曾经被定义为一个统一的批量转变，它将动、植物的驯化与定居生活方式、储藏、手工业专业化、贸易以及陶器的使用联系起来。这一系列转变也标志着人类向文明生活转变的第一个阶段。这就是新石器革命（Childe，1936）。事实证明，有一些变化早在更新世就开始了，而另一些，比如陶器，直到新石器时代晚期才变得重要起来。新石器时代的一系列转变并没有那么紧密地整合在一起，它的起源传播的时间比蔡尔德（Childe）认为的要长得多。即便如此，蔡尔德还是正确地确认了一个深刻的社会转变，一个比他认为的更令人费解的转变。通过这些复杂的互动，社会契约得以幸存，尽管在新石器时代早期，集体行动的要求往往比觅食者面临的要求更为强烈。土地必须清理干净，必须用栅栏围起来或以其他方式保护起来，需要经常灌溉和施肥；农作物必须除草、防虫，还要防备竞争对手来偷窃，此外还必须建造储藏设施。在许多地方，随着部落之间紧张关系的加剧，村庄不得不加强投入用于防御，如建造村庄的围墙和沟渠、增加武器投入。许多早期的农业社会在公共建筑和昂贵的展示上投入很大，这也许是为了威慑潜在的敌人和给潜在的盟友留下深刻印象（Seabright，2010；Flannery & Marcus，2012）。虽然我怀疑更新世的社会世界是由群体间的暴力构成的，但这种威慑对许多早期村庄来说也是非常严重的。

农业的起源和新石器时代的转变一度被视为人类的巨大成功。人类放弃了受大自然摆布的贫困的流浪生活，开始通过管理自己的食物供应，走上文明的道路；开始了贸易和工艺专业化；甚至在金属出现之前，就发明了更精细、更多样的工具，它们的刃口是经过研磨的，而不是片状的；出现了陶器和储藏设施；睡在有屋顶和墙壁的地方，这样可以挡风避雨，而不是任由天气摆布。当然，觅食者一旦知道如何耕种，他们就会立刻开始耕种。从这个观点来看，解释农业起源的问题就是解释为什么农业起源花了这么长时间。马歇尔·萨林斯（Marshall Sahlins）的《原始富裕社会》（*The Original Affluent Society*）既是思想上发生革命性变化的一个标志，也是其原因。萨林斯和其他人认为，觅食者生活得很好（Sahlins，1968；Diamond，1987）。他们在短时间内就可以收集到所需的资源，所以有很多空闲时间；他们通过流动性和广泛的资源组合进行了有效的风险管理；一旦童年疾病期的危险过去，他们就有了合理的预期寿命；他们牙齿健康，没有饮食缺乏性疾病。相比之下，早期农民的生活却是长期的、艰苦的且没有回报的。他们面临巨大的风险，资源组合有限；农作物容易受到害虫、侵袭掠夺和恶劣天气的影响，而且迁移成本很高。他们单一的饮食习惯对健康产生了不良影响，比如他们的牙齿健康情况通常很糟糕，他们的定居生活也是如此。觅食者会远离排泄物，而农民则生活在其中（Scott，2017）。尽管萨林斯很有可能夸大了觅食生活的轻松程度（Kelly，2013），但即便如此，一旦我们认识到农业的艰苦本质，就更加难以理解农业被人类采纳的原因了。

我简要介绍一下我所认为的农业起源和建立的最佳模型，[①]尽管接下来争论的关键问题集中在第一次农耕的影响而不是起源上：农业及其雏形给农民的社会生活带来的变化。这一模型的核心假设是，随着个体对缓慢变化的当地环境的适应，农业从以储

① 有关农业起源及其历史的争论的详细概述，请参见 Barker，2006：第 1 章。关于农业的起源是出于政治需求而不是生存需求这一观点最复杂的解释，见 Hayden，2014。有关人口动态及其向欧洲扩散的最新综述，请参见 Shennan，S.（2018）.*The First Farmers of Europe: An Evolutionary Perspective*.Cambridge，Cambridge University Press。

藏为基础的觅食方式逐渐发展起来（Testart，Forbis et al.，1982；Watkins，2010；Sterelny，2015；Sterelny & Watkins，2015）。基于储藏的觅食方式通常在下列情况出现时发生：

- 资源有效性可预测且季节性变化大。
- 旺季资源丰富。
- 可以有效收获的季节性作物。
- 季节性盈余可以低损耗和低风险储存。

总而言之，因为储藏变得重要，所以季节性资源的繁荣必须与高效的收获和安全的储藏相结合。一旦觅食者开始收获和储藏激增的季节性资源，就为农业奠定了基础。因此，为了储藏资源，觅食者形成了以下特点：第一，他们是定居的。第二，他们已经开发出加工和储存那些不用立即消耗掉的食物的技术和工艺。第三，他们适应长达以年计的规划周期。第四，他们面临与农民相同的一些社会风险。储藏的食物资源，无论是收集的还是种植的，都是冲突的爆发点。它是部落之间的爆发点，因为储藏的食物资源是部落之间相互争抢的诱人目标；它也是部落内部的爆发点，因为向更稳定的定居生活的转变使个体和家庭有可能积累更多的物质财富，而这些物质财富对其他个体来说也是有价值的。第五，他们之前通过流动性和广泛的资源组合进行风险管理，现在，开始转变为依赖于储藏技术的可靠性。第六，因为他们赖以生存的资源是季节性的，所以他们有时间管理和改变当地环境；投资或改良土地几乎不会产生机会成本。第七，基于储藏的觅食方式有时会导致严重的社会不平等，往往与早期农业世界的情况相当。太平洋西北地区就有一个这样的人种学记录的案例（Kelly，2013：第 9 章），还有考古证据可以证明，在冰川时期的欧洲有过这种严重的社会不平等，当地的古人类可能会将狩猎获得的肉类冷冻储藏起来（Kuzmin，Burr et al.，2004）。①

一旦觅食者变得更倾向于定居生活，更依赖于他们储藏的食物资源，在生态允许的情况下，一条平稳、渐进、几乎难以察觉的通往农业的道路就出现了。每一步都是通过低成本干预措施降低风险或增加供应。土地、居住场所或库存中的每一个额外增量都是一个小的变化，都从管理的资源中产生适度的额外收益。尽管可能经过了许多代人，但经过逐渐累积，觅食者对生产或管理食物的依赖增加了，运输成本也增加了。正如从流动觅食向半定居的混合经济的转变一样，这通常是一个缓慢的过程。即便如此，当部落沿着从觅食到农耕的道路前进时，更新世社会契约的

① 尽管在季节性方面还有另一种解释，但也有一些例子表明，觅食者在某些季节分散成小群体，而在其他季节聚集成更大、更具社会复杂性的群体。因此，冰川记录可能是季节性的、可塑性的社会世界的痕迹：丰富的象征性生活是复杂的、更大的、聚集阶段的表现，当团体在迁徙的关键点聚集在一起时，他们会收获（但不储藏）大量季节性资源，在其他季节又分散成更小的、在考古学上不那么突出的群体（Wengrow & Graeber，2015）。例如，澳大利亚的觅食者利用大叶南洋杉松子的间歇性丰产来支持这些更大的聚集性群体，而不是将它们储藏起来长期使用（Gould，1980）。

压力也在积累。

- 储藏觅食具有人口效应（demographic effects）。因为它缓和了季节变化的影响，减少了资源不足的季节对部落规模的影响。此外，定居生活提高了生育能力，因为母亲（或她的助手）不再需要在群体移动时带着婴幼儿到新的营地。这样的生产系统提供的食物，通常更容易被刚断奶的幼儿消化，这样也减少了生育间隔的限制。因此，当地人口数量可能会增长，并随着农业的发展而剧增。觅食方式逐渐转向农耕，既能从食物网的低层获取资源，又能抑制来自“杂草”的竞争。因此，总生产力中有很大一部分都可以为人类所使用。
- 储藏和农耕更类似于采集，而不是狩猎：觅食者的食物分享规范不太适用于采集获得的食物，因为采集不太受坏运气的影响。采集资源的流动很可能反映了技能和投入的差异，因此技能更高和更勤劳的人就没有多少理由分享他们的食物。他们不需要为自身无法控制的失败风险买单。分享规范也面临着被削弱的危险，因为储藏增加了占有的价值，从而增加了分享的成本。对要求分享的“可容忍的偷窃”（tolerated theft）的解释基于这样一种观点：

一旦食物占有者满足了自己的即时需求，剩下的食物对占有者的价值就会急剧下降。但如果食物可以储存，情况就不一样了。在任何情况下，在许多觅食者部落中，农业资源都不是经常分享的资源，因此，平等和分享规范可能会受到削弱。

- 农业也鼓励社会向尊重产权的规范转变，并对侵犯产权的行为进行正式或非正式的制裁（Bowles & Choi，2013; Gintis，2013）。农民需要对他们的农场和作物投入耕种成本：首先保留种子以进行种植，然后清理土地，准备和改善土壤；在种植之后，照料农作物；种植、收获、加工和储存农产品的工具也需要成本。他们还需要在建筑环境上投入成本，而不仅仅是他们的土地和农作物。如果无法对产品的安全占有，这些对农作物和建筑的投入就是非常不合理的。产权的作用是保证对财产的安全占有。因此，农业鼓励经济生活的私有化，因为投入、生产和储藏变得更加以家庭为中心，而不是以部落为基础。的确，土地可以被共同耕种，而且有一些考古证据表明，在一些早期的农业部落中有公共储存场所。但是，在技能、责任和产品需求方面的差异会使这种共有更容易引发冲突。
- 一旦像耕地或管理的羊群这样的私有财产被承认，

占有权可被继承就成为一种趋势。所有权有限的土地占有制度便有可能出现——在这种制度下，农民对一块土地及其产出物拥有专有权，该权利直到其死亡时才失效。在这种制度下，土地是不可被继承的，因此农业文化中的财富差异不会在几代内累积。一些传统的租赁制度就与这种情况类似。但是，一旦土地产权得到承认，这些权利将倾向于承认继承权。因为人类的世代是重叠的，而不是离散的。自给自足的农民和他们的后代一起耕种土地，因此他们这一代人的所有投入都是土地价值的一部分，也是土地生产力的一部分。如果土地产权的存在使人们对土地的投入有足够的保障，使这种投入变得合理，他们将倾向于承认该权利可以转让给下一代。否则，农民的子女将被推动着去开垦分散的荒地，而不是耕种、保护和改善现有的土地。

- 随着这种动态在部落内的持续，部落之间的关系可能变得更加紧张，冲突成了更大的威胁。定居部落是资源的热点地区，因此侵略这些定居部落得到的回报更大，而定居部落付出的防御成本也同样值得。此外，如果这些转变是由真实的或社会造成的资源压力驱动的，[①] 那么领地的社会防御将不那么

① 我参考了海登的观点，即部落内部和部落之间的竞争会产生对资源不断升级的需求，而不仅仅是简单的生存需求。

> 稳定。帮助另一个有需要的部落的成本变得更高，而放弃先前的帮助的诱惑也更大。所有这些潜在的压力都将随着人口的增长而加剧，部落变得更加密集，边界区域变得模糊，可能还会互相争夺更肥沃的土地。

不难想见，觅食耗尽了觅食者可用的资源，这一点有时不易察觉，有时不是。在其他条件相同的情况下，他们的技能水平和效率越高，最有利资源的消耗速度就越快。其结果就是发生了广谱革命（Flannery，1969）。觅食者扩大了他们的资源范围，经常开发新的工具和技术。在有利的环境中，收获和储藏季节性的丰富资源也属于资源范围的扩大。这反过来又导致了更倾向于定居生活的人口的增加，以及对可用资源更加集约化的利用。在一些有合适的植物作为食物的地方，集约化可以通过丰富当地环境来发展：播种合适的植物，或者通过管理本地的土地来增加它们的价值（例如，在种植前用火清除杂草）。这些措施最初可能是低成本的。[①] 最初的劳动力成本并不高，因为最初的劳动力可能是儿童和其他与流动觅食资源无关的人。然而，不断增加的定居人口在当地密集开发野生资源，最终将产生深深的生态足迹。随着时间的推移（通常是几代的时间），从偶然、随机地开发野生资

① 如果利用可预测的季节性洪水，在洪水退去的新淤泥中播种，成本非常低。詹姆斯·斯科特（James Scott）在《作茧自缚》（*Against the Grain*）中，重申萨林斯–戴蒙德（Sahlins-Diamond）关于觅食者生活的观点时，提出了这种可能。

源，到集中开发和储藏野生资源，进而到管理资源，每个阶段的相对重要性也会随之转变（Zeder，2011）。一旦觅食者放弃流动并就地定居，如果有潜在的驯化物可用，他们很可能就会逐渐转向农耕。

在每个阶段，主体都在对他们的生活方式进行细微而合理的调整。但是，这些合理决策的累积效应，使位于链条末端的主体选择更少，社会环境更僵化，面临的风险也截然不同。这种情况发生在一个合作仍然很重要的世界，但许多曾经维持合作的机制已弱化或不复存在。此外，罗伯特·凯利指出，某种定居的生活方式一旦在一些地方建立起来，这种生活方式就很容易迅速传播。定居部落最初建立在生产力最高的地方，对于那些仍然以流动觅食者的身份生活的人来说，当这些地方成为禁区时，选择继续流动就不值得了，因此，其他人也会随之做出类似的转变（Kelly，2013：第 9 章）。最后，正如布赖恩·海登所强调的，储藏觅食和农业有可能产生盈余，而且经常产生。作为一种风险管理策略，储藏觅食者和农民有动力生产和储存比他们预期需要更多的粮食。一旦有盈余，它就可以用于社会目的，为管理这些盈余的人建立社会资本（Hayden，2014）。

并非所有储藏觅食群体都会向农业转变。特别是在美洲，储藏的往往是海洋资源。最著名的是在太平洋西北部地区，定居和半定居的部落是利用鲑鱼洄游产卵的季节性流动来捕获鲑鱼，从而发展起来的。如上所述，其中一些部落发展出了相当大的规模和社会等级（包括蓄奴），他们以家庭或氏族为基础，拥有丰富的鲑鱼捕捞点。由于这种所有权，一些家庭或氏族比其他家庭或氏族更富有、更有影响力。但我们很难解释为什么这个地区的私人所有权会得到集体认可。诚然，人们通过修建鱼塘在这些富饶的地方增加了投资，提高了收入。但与尚未开垦的可耕地相比，这些富饶的地方是独立于额外投资的宝贵资源。它们不需要投资就能变成有价值的社会资源。对于耕地，人们可能会把所有权作为开垦和改良土地的回报，这是多数人与土地所有者之间的理性交易。但是，对多数人来说，把拥有丰富鲑鱼捕捞地点的所有权作为提高捕捞率的回报，将是一笔可怕的交易。借鉴动物行为的演化生态学观点，个体（最适者和最强者）拥有的资源应该是可预测位置的、丰富的和密集的。这样的“资源岛”是可守护且值得守护的。这或许可以解释一个部落对其领地的集体防御。但严格地说，这些鲑鱼洄游都不是由个人、家庭甚至氏族来守护的，如果他们不得不防御对抗部落其他成员的话。安全占有取决于其他人的同意，即使这种同意是不情愿的、勉强的、偶然的。[①] 占有是一种文化事实，而不是原始强制权力的反映，这并不是说原始强制权力无关紧要。为什么多数人会同意少数人的意见？接下

① 这对不平等防御模型（Mattison，Smith et al.，2016）造成了严重挑战。在那些不那么富有的人的选择模型中，他们只考虑与精英达成协议、接受从属地位或者进行个体迁徙这些选择。但最严重的问题是，如何解释这些下属不采取集体行动反对精英。他们根本没有对这种选择进行建模。

来我们将会讨论这个问题。

不平等世界：剥削与依存的平衡术

如前文所述，行为经济学的理论模型和实验工作最有力的结果可能是，如果存在不受控制的背叛，合作就会崩溃。同样，关于社会偏好的研究表明，行为主体在参与社会互动时通常会默认合作，但强烈厌恶被当成傻瓜。行为主体憎恨欺骗者，愿意付出代价惩罚他们。这些结果与过去一万年的人类历史很不相符。从理论和实验的角度来看，社会契约在全新世的存续是非常自相矛盾的。因为在全新世的大部分时间里，大多数人都生活在极不平等的社会中，社会剩余的很大一部分被精英阶层榨取，剩下的大多数人只能勉强维持生计。印度、中南美洲、美索不达米亚地区和地中海地区的所有农业国家都是盗贼统治（kleptocracy）[①]。在这些社会中，叛逃行为已经泛滥成风。然而，穷人继续为集体行动做出积极和消极的贡献：积极的贡献如纳税、帮助建设公共基础设施、在军队服役，消极的贡献就是不变成野蛮人。[②] 从理论和实验的角度来看，为什么在不平等的世界里，社会契约在大多

① 盗贼统治指统治者通常也包括一小部分其跟随者，利用手中的政治权力直接把大量国家财富占为己有。——编者注

② 在每个高度不平等的社会里，复杂的社会偶尔会分裂、瓦解，出现野蛮人，但这种情况并不常见。

数地方仍然存在？

也许，一旦第一批有效国家出现，这个问题就有了一个简单的答案：压倒性的强制性权力使得屈从于从属地位成为最恰当的选择。[①] 即使这是正确的，拥有有效强制机构的国家也是成百上千年来规模、纵向复杂性和组织控制不断增加的产物。没有一个集体可以一步到位，从一个平均主义的部落变成一个专制国家。国家是社会变迁累积的结果。不平等在部落中变得根深蒂固，其中一些部落足够稳定、足够合作，最终发展成为中央集权国家（通过增长、融合和接管等多重手段）。在前国家时期，如果这些部落是不平等的、等级制的，合作和社会契约的存在就不可能依赖于少数人对多数人的有效强制。因此，我们面临两个问题：平均主义的觅食者部落如何以及为什么会变成不平等的等级社会？为什么合作和集体行动会在这种转变中得以留存？

在回答这些问题时，需要指出流动觅食者的平均主义世界需要积极的管制，这一点很重要。克里斯·贝姆（Chris Boehm）关于觅食者政治和觅食者规范的研究反复强调了这一点（Boehm 1999，2012），阿特莫娃也持同样的观点（Artemova，2016）。觅

① 保罗·西布莱特（Paul Seabright）认为，即使在最专制的部落，强制也不能解释所有的问题，部分是因为对胁迫者的强制，我对此表示认同。Seabright, P. (2006). “The evolution of fairness norms: an essay on Ken Binmore’s Natural Justice.” *Politics Philosophy And Economics* 5(1): 33–50.

食者部落中经常有积累者（aggrandizer）[1]，即那些喜欢告诉别人该做什么、喜欢引人注目，尽可能多地抓住机会的人。在觅食者部落，由这些个体引发的紧张关系通常被低调的口头警告所制止：玩笑、戏弄、嘲笑。偶尔也会有一些更强硬的方法，其中一个方法是搬走。在极少的情况下，非常顽固的个体可能会被杀害，不过，这种制裁似乎主要是针对习惯性使用暴力的人。问题的关键在于，平均主义不仅持续存在，而且被强制执行。在我看来，在这些更倾向定居的部落中，受到三个因素的共同影响，执行平均主义的能力被削弱了。第一个因素涉及定居社会经济组织的变化及其直接影响。第二个因素是随着部落从流动生活方式转向定居生活方式政治环境的变化。第三个因素是社会环境的变化，使自下而上的集体行动问题更具挑战性。这些结构性变化得到了意识形态变化和支持部落意识形态的体制的支持和影响，这些变化将在下文中详细讨论。

等级经济学。我在前文中指出，一旦生存资源中出现了带有继承性的私有财产，除非存在某种对抗机制，否则财富不平等将随着时间的推移而加剧。不考虑事实情况，想象一下，存在第一代人，在这一代，私有财产在整个社会中首次得到认可，每个人一开始都拥有价值相同的一块土地（或湿地，或鲑鱼场，或一群

① aggrandizer 一词字面理解应为“扩张者”或者“野心家”，本词遵从刘莉、陈星灿《中国考古学：旧石器时代晚期到早期青铜时代》一书（生活·读书·新知三联书店，2017）的用法，译作“积累者”。——译者注

家畜）。体力、健康、寿命和注意力的自然变化将导致个人财产价值的变化，就像土地本身以及从土地产出的农作物和储藏物受到外部干扰的程度要靠运气一样。牧民尤其容易受到外部干扰的威胁。自然灾害和人为灾害可以毁灭他们的全部羊群。

此外，第一代生育能力的差异将对下一代的初始天赋产生影响，莫里斯（Morris，2015）对这一点进行了明确阐述。如果一个农民有六个孩子，那么，他要么区别对待孩子们，要么将他的财产平均分割。如果一个农民只有一个儿子，就没有这样的困境。当然，孩子也是一种资源。如果劳动力比土地稀缺，有六个孩子的农民就可以扩张土地，低生育率的农民则将面临风险。环境会影响变异，但自然变异会确保第二代中的一部分人在比赛中领先，而另一部分人则反之。那些领先的人有时会利用他们最初的优势来推动个人财产价值进一步的提高。例如，让那些在年景不好时无法靠一小块土地养活家人的人承担债务。除非存在某种再分配机制，否则运气的最初影响往往会被放大而不是减弱。需求共享的文化依据权力进行共享，因此那些资源充盈的人不会承担债务。但是，我们不太可能在一个以储藏觅食为中心的部落中看到需求共享，因为储藏引发了一种趋势，即通过家庭储藏而不是通过资源池来管理风险。承认继承财产权的因素有可能也削弱了再分配规范。

关键的信息是：一旦生存资源的私有财产权及继承权被承

认，财富不平等就会加剧。正如以下要讲述的，在一个部落间冲突风险严重的世界里，财富可以转化为权力和影响力，然后转化为更多的财富。

冲突的政治机会。从流动生活方式到定居生活方式的转变使政治环境更具竞争性和冲突性。这种转变的一个方面是部落间发生暴力的范围越来越广。战争是全新世前国家政治的一个重要方面，它不是无处不在，也并非总是如此，但它发生得足够频繁，涉及的地点也足够多，到了使和平状况岌岌可危的地步，部落之间的关系也变得紧张。这种威胁，即部落之间的紧张关系，为部落内初出茅庐的精英提供了机会，这不仅仅是因为军事行动本身倾向于自上而下的决策习惯。因为这些早期的精英可以利用他们额外的物质和社会资源，使自己成为部落间交流和协商的调解人（Kelly，2013：第 9 章）。

人种学和考古学记录都表明，随着社会世界变得倾向定居，且变得更大、更复杂，人们对昂贵的标志进行了大量投入（Flannery & Marcus，2012；Hayden，2014）。其中一些以投资公共建筑的形式进行，通常是建设具有重要仪式功能的建筑。举行宴会是这些定居部落的另一个重要象征，在宴会上通常会赠送昂贵的礼物。太平洋西北地区的夸富宴（potlatch）就是典型的例子，在波利尼西亚和美拉尼西亚社会中也有同样的例子（Knauft，2005）。

THE PLEISTOCENE
SOCIAL CONTRACT
智人之跃

夸富宴

从某种程度上说，这些宴会和展示是一种标志，在某种程度上来自狂欢的赞助者和组织者，而不仅仅是来自整个部落；它们是对部落中可能既是对手又是盟友的同伴发出的信号，而不仅仅是对整个部落发出信号。通过组织、赞助和支付部分昂贵的炫耀费用，一个部落的富裕成员可以向邻近部落中像他们一样的人展现他们的影响力、动员能力和威慑力。考虑到部落间暴力的真正威胁和高风险，以及早期精英之间的联系可能促成交易和联盟，不那么富裕的成员因为一些利害关系，也支持这些标志。

正如布赖恩·海登所指出的那样，人类部落的自然心理变化总是会让个体产生向他人施加影响的抱负，而在产生盈余的分支觅食社会中，少数这些个体将拥有物质和社会资本。这些积累者利用他们更大的财富和地位去争取影响力。例如，在这些早期的反平均主义文化中，他们会赞助节日狂欢，这通常有他们氏族的支持。他们积累资源，请来所有的施惠者和受惠者，进行奢侈且盛大的炫耀展示，总是带着互惠的期待邀请其他部落的参与。这些都是竞争性的炫耀；部分通过夸耀个人和他们的支持者；部分通过他们所代表的部落，从某种程度上说，这些信号可以威慑潜在的敌人，吸引潜在的盟友，部落与他们的成功有利害关系，而善于社交的积累者可以利用这一点来争取部落的支持。我们经常在财富、地位和影响力存在重大差异的部落中发现这些炫耀展示的案例，但不平等并不完全是世袭的，领导职位还不是世袭的。

在这种情况下，在位的精英必须声称，他们是为了所有人的利益，代表所有人与邻近部落进行互动。此外，这种共同利益的说法必须有一定的合理性。大人物必须争取到别人的支持，他们不能只是要求别人付出，在某种程度上自己也必须为此付出代价。①

这些炫耀展示会引发回响，其他部落也会释放类似的信号予以回应。这些节日狂欢的顺利进行巩固了部落精英之间的联系，因为它们至少在一段时间内促成了和平以及某种形式的合作。当然，这种合作经常采取联合对抗第三方的形式。因此，早期的精英们利用他们在村庄内的影响力，使自己成为村庄之间的重要纽带，与其他群落的积累者发展出超越群落的关系网络，成为群落间谈判、奢侈品和贵重物品贸易以及更广阔世界的信息流动的渠道。这些积累者需要自己的财富，他们还需要社会资本以获得集团的支持。一旦他们拥有了这种支持，资源就会通过互惠，以及

① 他们需要回报支持者和赞助者。关于这类政治阴谋的极好案例研究，参见 Wiessner，2002b；总体概述参见 Flannery & Marcus，2012；Hayden，2014。

他们与其他积累者建立的关系网络所赋予他们的经济和社会杠杆，回流到他们手中。战争的威胁，部落之间的竞争和紧张关系及个人财富、实力和其盟友的展现，为积累者打开了一扇门，使他们得以把财富转化为政治领导权，把领导权转化为财富。如果这个观点是正确的，我们认为，不平等应该在那些部落间的暴力威胁比较严重但尚可协调的地方建立和增长，而不是在那些存在长期战争①或稳定和平的地方。

集体行动的约束。在不平等发展早期的前国家阶段，在不平等根深蒂固、出现世袭和阶层分化（地方精英成为更富有、更有权势的个体）之前，精英和早期的精英与他们希望领导和统治的人生活在一起，因此他们的身体和社会地位都很容易受到攻击。那些贪得无厌的人，那些过于贪婪和自私自利的人，或者那些没有为他们的氏族支持者带来回报的人，都有被废黜的严重危险（Hayden，2011）。但是定居社会，尤其是那些以农业为基础的社会的建立和发展，使联合执政或物质平等的可能性变得越来越小。我们应该记得，这种集体暴力的威胁，加上容易移动，是确保觅食团体平均主义特征的最终机制。在我看来，随着定居社会的建立和发展，这不再是对积累者的威胁。

① 彼得 · 图尔钦（Peter Turchin）关于帝国动态的研究表明，近乎永久的暴力倾向于减少交战部落内的不平等，大概是因为每个人都必须受到强烈的激励才能致力于防御（Turchin，2006）。

第一，如前所述，那些至关重要的平均主义规范可能在精英阶层确立之前就被削弱了。储藏削弱了社会对强制共享的支持，因为这不再是一种必要的社会保险形式。此外，默许或公开承认个人或家庭对土地或牲畜的所有权，以及由此产生的生存手段，可能是在提高土地生产力以及保护和管理牲畜群方面进行大量投资的共同的必要条件。

第二，部落规模和私人生活的扩展使得规划和协调更加困难。那些在抵制精英要求方面有共同利益的人很可能彼此并不熟悉，这些人往往是一些穷人，他们因精英昂贵的展示活动而利益受损，或因彩礼的增加而负债累累。他们可能不会经常见面，可能很少有机会私下交谈、相互抱怨和计划行动。肯尼思·埃姆斯（Kenneth Ames）认为，精英们提高了整个部落的决策效率，因为随着部落变得越来越大，共识决策变得越来越烦琐和低效，所以精英开始解决关键的协调和集体行动问题（Ames，1985，1994）。我的观点与埃姆斯的观点在因果关系上正相反：部落规模和扩散程度的增加使得精英实施集体控制越来越困难。

第三，冲突还有另一个与此相关的影响。与觅食不同，农业劳动是可以被强制进行的。农业劳动不需要高端的技能，而且由于它在空间上是集中的，守卫与劳工的比例可能使奴隶制和其他形式的强制劳动成为可能，劳工通常是妇女，她们的地位往往随着农业的发展而下降。如果冲突导致了奴隶供应，奴隶和他们的后代就会形成一个“社会囚笼”，与地位高于他们的人建立联盟的可能性就变得微乎其微，因为他们在文化和意识形态上的烙印太深了。一旦这种形式的不平等确立，它就会放大其他形式的不平等，因为精英阶层对奴隶劳动利润的控制扩大了精英阶层和其他人之间的财富差距。

第四，也是至关重要的一点，在反平均主义社会中，财富差距还没到极端的程度。早期的精英们在土地和贵重物品（如猪）上比大多数人更富有，那些父母运气不好的孩子则穷得多。但在这些社会中，有相当一部分人处于中间状态（Shenk，Mulder et al.，2010），所有权的公开性规范并没有损害他们的利益。他们拥有足够的财产（土地、牲畜群、鲑鱼场），可以在财产制度中分得一杯羹。社会对所有权的普遍认可使他们不必用武力威胁来保护自己的财产。对那些处于中间状态的人来说，威胁可能最终无法令人信服。这部分人可能愿意驱逐一个特别苛刻的领袖或大人物，但他们完全不可能加入一个从下层开始的联盟来重申需求分享和觅食者的平均主义。虽然这些部落中的许多个体没有为自己争取成为大人物的现实机会，但他们可以通过支持其中一位候选人而收取一定的报酬。如果某个候选人或其他候选人有可能走向成功，那么索取报酬似乎是他们最好的选择。如果真的要选出一个大人物，那就尽量确保他欠你的。

最后，部落之间的紧张关系增加了部落内部冲突的风险：处于动荡中的部落有可能被另一个部落或其他部落联盟视为猎物。对那些处于财富和影响力最底层的人来说，尤其是那些已成为奴隶的人，这可能是一种合理的风险。但对那些处于中间位置的人来说，这是不合理的。

总而言之，在从流动的觅食部落向定居的、反平均主义的部落的转变中，表现最差的那些人，不太可能有能力组织和实施集体行动，以应对他们个人的糟糕处境。部落间的紧张关系还有一个更重要的影响，即积累者不能受那些“用脚投票”的人的控制，而流动觅食者可以，他们也确实这样做了。正如凯利所指出的那样，向定居生活方式的转变通常始于永久性或季节性地长期占据最好的、生产力最高的区域。无论是作为临时营地还是作为永久据点，都不太可能有好的、空闲的地方可供占用。即使有，随着部落间关系变得更加困难，一个小而无依无靠的初始定居点也非常不堪一击。使部落迁移变得困难的部落间的紧张关系，也同样使建立一个新的定居点变得困难。用脚投反对票的成本增加了。

信仰的力量：宗教如何固化结构

流动觅食社会在财富和政治权力方面是相对平等的，或者是曾经如此，至少在该社会的成年男性中是这样的。但正如弗朗西斯科·吉尔－怀特和约瑟夫·亨里奇所阐述的，在经济和政治精英出现之前，就存在着威望等级制度（Henrich & Gil-White，2001：第8章；Henrich，2016：第8章）。部落中的一些成员被尊敬和服从，这并非偶然。威望等级制度是基于专业知识和信息的不对称，以及不太专业的人向社会关系网络中最专业的个体学习获得好处的情况的。随着古人类生活越来越依赖于丰富的信息和高水平的技能，对初学者来说，与最专业的个体建立信息联系变得越来越有利，也越来越重要。吉尔-怀特和亨里奇认为，初学者为这些信息付出的代价是尊重专家，以及为专家提供物质上的好处。

如果吉尔-怀特和亨里奇是对的，那么威望等级很可能是围绕着工匠和自然历史技能建立起来的：人们会对那些追踪专家、植物鉴定专家、制作复杂且无法容错的设备（如皮艇和渔网）的能工巧匠表示尊敬。但在人种学已知的觅食社会中，人们对专家的服从，延伸到了那些被认为有获得仪式方面以及其他形式的内行知识的特殊途径的人。伊恩·基恩展示了澳大利亚土著的老年政治是如何通过老年人对内行知识的所谓独家控制来维持的（Keen，2006），奥尔佳·尤·阿特莫娃（O. Yu Artemova）认为，虽然这种现象在澳大利亚非常明显，但并不局限于该地区（Artemova，2016）。正如琳恩·凯莉所言，内行知识和实用信息的融合，也许能使这种专业知识等级制度的延伸成为可能。她认为，非文字记载的文化中的仪式生活以一种既难忘又精确的方式记录了实用主义信息。在她看来，对那些很重要但在日常生活中并没什么用处，因此很难通过实践加强的实用信息来说，这种适应尤其重要（Whallon，2011）。记住领地内那些只有在危机时刻才会去的一处水潭位置，可能就是一个例子（Kelly，2015）。

彼得·希斯科克对内行知识转换成了基本的实用信息这一观点持怀疑态度。他认为凯莉高估了这些深奥叙事的跨世代的稳定性，并怀疑记忆杠杆的作用是相反的：受众熟悉的地理事实是被用来在记忆中锚定叙事的（Hiscock，2020）。无论凯莉的观点是否正确，许多觅食社会都是以真实或想象中的知识不对称为特征的，这为其向更不平等的经济和政治世界的转变创造了一个平台。奥尔登夫的研究也表达了类似观点（Aldenderfer，1993）。首先，威望等级制度产生了一个社会世界，在这个社会世界中，各种形式的不平等既是合法的，也会产生物质结果。例如，澳大利亚土著长老因其地位而享有性特权。其次，文化信息从 *N* 代向 *N*+1 代的纵向流动，被从 *N* 代的少数突出个体向 *N*+1 代的全部或大部分突出个体的斜向流动部分取代了。这很重要，因为它改变了文化演化的动力。当文化信息从父母向子女纵向流动时，对通过文化习得的特质来说，只有提高具有这些特质的个体的直接生物适应度，才能增加它们在 *N*+1 代、*N*+2 代等后代中出现的频率。例如，如果每个家庭给幼儿的食物不同，而女儿又从母亲那里学习这些育儿方法，那么只有让那些幼儿更健康、生存得更好的育儿方法才会得到扩散。但如果文化学习是斜向流动的，情况就与此不同了。通过斜向传递，文化特质得以传播，即使它降低了其承载者的适应度。乔纳森·伯奇在著作中对此进行了完美的论证（Birch，2017：第 5 章）。因此，斜向传递为接受那些不符合采纳者最佳利益的规范和习俗打开了大门。

在反平均主义社会的出现过程中，我们从仪式和宗教的转变看到了这种动态。随着部落变得不那么平等，仪式、宗教及其社会角色也发生了变化。在反平均主义文化中，仪式和宗教在保留其早期功能的同时，也在一定程度上被用来使新的不平等形式合法化，海登就有相关研究（Hayden，2018）。事实上，在这些规模更大、冲突更多的社会中，集体身份认同承受的压力更大，部落间的政治环境往往更危险，因此向他人发出集体承诺的信号仍然很重要。传递集体承诺可能有助于积累者说服他人提供资源，即使积累者是利用这些资源来建立自己的社会资本的。尽管宗教教义和仪式仍然显示了集体力量，但同时也证明了差异是合理的。在这些反平均主义的部落中，一个部落的宗教承诺体现、放大并巩固了财富和权力日益扩大的差异。例如，黎凡特地区新石器时代奇怪的殡葬习俗就很容易理解。他们的墓葬就在家庭生活空间下面，头骨被涂上灰泥展示在外面，作为祭祖仪式的一部分，以此证明他们的继承权（Kuijt，2008）。另一个重要的例子是节日狂欢，海登为此提供了一个具有说服力的案例。他认为，从仪式和宗教作为社会黏合剂和集体身份认同的展示方式，到宗教使地位和财富的差异合法化，节日狂欢在这种转变过程中发挥了特殊的推动作用。节日狂欢发挥了积极的作用，在肉食匮乏的世界尤为明显，即使在展示赞助者的地位时，也会把部分客人标记为特殊客人（Hayden，2014）[83–95]。他们引人注目，相互交流感情，而地位的差异可以或多或少地通过座位的差异、分配的食物分量，以及赠予或留下的礼物来区分。

如果事先没有在部落中建立起一个在仪式和内行知识方面具有威望和权力的特殊群体，那么，利用部落的仪式生活来强化差异是不可能的，或者说会更加困难。在许多物质财富没有明显差异的觅食社会中，具有做仪式的义务和对内行知识的需求的权力已经在某种程度上集中在少数有影响力的长老手中。一旦财富差异开始形成，个体就有可能拉拢或贿赂拥有特殊意识形态地位的人，或通过努力使自己进入那个有威望的圈子。先前存在的关于秘密信息、内行知识和神秘力量的、权威性的身份等级制度，以及财富差异的新现象，为那些掌握内行知识的人与那些既有抱负又（相对）富有的人之间建立默契的联盟或相互融合创造了机会。因此，马克·奥尔登夫（Mark Aldenderfer）写了一篇文章，分析了南加利福尼亚州萨满和酋长的“邪恶联盟”在稳定不平等制度方面的作用（Aldenderfer，1993）。从以上分析来看，这个联盟及其影响并不让人惊讶。它利用了萨满先前建立的信誉和权力，信誉和权力反过来又是基于专业知识的威望的产物，是以信息和技能交换而获得的尊重。这种交换对双方都有利。

总而言之，这些反平均主义部落的仪式和宗教生活，成为他们半被说服、半被强制接受新现状的渠道。与此同时，这些部落的仪式生活成了威望竞争的舞台，而这些仪式生活本身就可以表现地位差异。正如我提到的，海登认为节日狂欢起到了核心作用。它既是一种炫耀的形式，也是一种工具，通过古代觅食者的互惠规范，将义务强加给赴宴者。他认为，这种竞争推动了农业的出现或发展，因为相互竞争的家庭和联盟之间的较量创造了对炫耀食品的无穷无尽的需求，而食物只能通过早期农业来提供，尤其是如果炫耀的是啤酒（Hayden，Canuel et al.，2013）。即使海登认为农业导致竞争加剧的观点是错误的，农业也确实可以起到支持竞争升级的作用。此外，节日狂欢只是早期精英们争夺和宣传自己地位的一种机制。弗兰纳里和马库斯查阅了他们所谓的氏族社会的人种学记录，特别是研究了这些社会中仪式屋的作用。这些仪式场所的准入权限本身就是一种社会不平等的形式，因为一般来说，只有一些成年男性才可以不受限制地进入。

在所罗门群岛，有一种文化就是特别生动的例子。在这种文化中，一个大人物赞助建造了一个仪式屋，他宣称自己与一个喝猪血的恶魔结盟并受其保护，并成功地将他的财富和成就与之关联起来（Flannery & Marcus，2012）[117-119]。如果存在一种意识形态，成功地将世俗的成功与超自然的支持联系起来，那么，进一步的不平等就有望合法化。在富人和那些塑造下一代的信仰和接受度的人之间，它建立了另一个邪恶联盟。弗兰纳里和马库斯将他们的人种学与考古学研究联系起来（Flannery & Marcus，

2012）[121-152]，记录了地中海东部沿岸地区的一系列早期建筑。这些建筑既昂贵（考虑到那些部落的资源），又很可能是某种仪式生活的中心。它们如果是仪式建筑，就是专用的，因为其内部空间很小，座位有限，要么建在离家庭空间有一段距离的地方，要么建在地下，以远离窥探的眼睛。哥贝克力石阵的早期纪念碑式建筑就是一个范例。很有可能，这些建筑都是在一个可以获得社会盈余的分支觅食社会中争夺威望的极端表现。这种模式并不局限于中东。弗兰纳里和马库斯在西南亚地区、墨西哥和秘鲁都记录了这一现象。凯莉在密西西比河下游的波弗蒂角纪念土冢（Poverty Point）也发现了类似的现象。这处遗址让人想起了哥贝克力石阵，同样代表了当时巨大的投入。据估计，这处遗址需要消耗 67 万～ 75 万立方米的泥土，花费 700 万工时才能建造完成（Kelly，2015）[194]。

简言之，似乎有一种将人口、经济和意识形态变化联系起来的一般模式。通过储藏、种植和更密集地利用野生资源，觅食者转向了一种倾向于定居的流动模式。如果一个部落完全依赖于对农作物或动物的完全驯化，这个部落就会变成完全的定居生活模式，并形成永久性的定居地。这些转变主要有四个特征。第一，定居地变得更大。第二，家庭结构变得更稳定，季节性营地变成多代居住的村庄。第三，仪式建筑出现了。从跨文化的角度来看，这些建筑也非常相似，特别是它们似乎只为一小部分本地人口设计使用。第四，贵重物品变得更加普遍，通常来自当地以外的地区。考古学和人种学记录显示，在向不那么平等的世界转变的部落中，出现了大致相似的仪式，但这些仪式与那些更倾向于平均主义社会的仪式大不相同。

特别是这些人口规模更大、社会更复杂的反平均主义社会的仪式似乎有四个新特征。第一，教义仪式出现了，这些仪式公开且包容，成本低，影响也小。这些仪式依赖于语义记忆来灌输一套相当一致的信念和承诺。它们通常在这个转变的很后期才建立起来，往往是社会规模显著增大的标志，因为它们并不依赖于其对亲密关系的影响而存在。第二，出现了设计昂贵、旨在吸引大量观众的展示仪式。海登的节日狂欢仪式就是一个范例。高价值的食物，加上音乐、舞蹈，也许还有酒，表现出对盛宴赞助者的积极态度。有很多人出席，参与者的角色和向心性的不同体现了其地位差异。第三，精英仪式进入了核心圈：想想那些被允许进入像哥贝克力石阵这样的纪念碑式建筑内部的人。在这些更大的社会世界里，存在着具有排他性的内部圈子，这些内部圈子很可能是通过激烈的、排他性的、秘密的加入仪式联系在一起的。① 第四，出现了恐吓和控制的仪式，例如人祭。海登认为，随着社会世界的规模和复杂性的增加，有充分的证据可以证明，黎凡特地区存在人祭（Hayden，2003）[197-201]。同样，人种学证据表明，献祭有助于稳定中等不平等社会中的精英特权，并将他们推向更

① 海登对秘密社团在这些反平均主义文化中的关键作用，进行了广泛人种学文献论述（Hayden，2018）。

高的等级（Watts，Sheehan et al.，2016）。活人祭祀依赖于严重的不平等，同时也表现出严重的不平等，这种不平等肯定会对那些实力较弱、更脆弱的人产生强烈而令人厌恶的影响。事实上，如果真正的杀戮在视线之外，在秘密的仪式场所进行，那些非精英阶层的人只能听到而不是看到，这种影响可能会更大。不作为直接观众可能会使杀戮更具威胁性，因为这明显表明他们的地位较低。如果海登发现的新石器时代黎凡特地区的活人祭祀是真实的（Hayden，2003）[197–203]，那么我们就可以知道，在完全的等级社会世界中，恐吓和统治仪式是十分重要的特征，想想中美洲的大规模献祭，或者基督教会焚烧异教徒的行为，这些仪式起源于这些反平均主义社会。

总结这一部分的论点，那些反平均主义部落的仪式和宗教生活，伴随着为经济和政治不平等打开大门的物质因素的发展而发生变化，并得到巩固。

THE PLEISTOCENE
SOCIAL CONTRACT
智人之跃

巨石阵

让我们再回到哥贝克力石阵这一典型案例。这处遗址位于土耳其西南部，靠近叙利亚边境，是一个大规模的、引人注目的、早期的纪念碑式的展示范例。在这处

> 遗址上，我们没有发现任何家庭建筑，但我们在山丘上挖出了大量巨石，有的高达 3 米。这些巨石都用高超的技术精心雕刻过。这处遗址年代久远，大约建造于 11 500 年前，接近该地区的农耕起始时间。石料是本地的，但即便如此，从母体中切割这些巨石，移动、雕刻，然后放置在一起，也是一项重大的资源投入。所有这些都是用石器工具和人力完成的（Watkins，2008，2010）。如前所述，这种巨大的劳动力和技能的输出是用于建造室内面积很小的建筑物的。哥贝克力石阵并不是一座原始的神庙。无论这里举办什么典礼、仪式或祭祀活动，观众都是少数的，而且是被精心挑选的。

这些地位的差异在一些流动觅食者文化中已有先兆。分支觅食社会的仪式生活开始出现了角色和地位的划分。澳大利亚土著的入会仪式非常有组织性，不同的主体扮演着不同的角色，包括行割礼者，他如果在入会仪式上举止不当，也会被处决（Meggitt，1962；Gould，1969）。但是，虽然有些主体的资历是被认可的，但他们的角色也往往会发生变化，这取决于主体的氏族、主体与入会人员的亲缘关系、主持仪式的人，以及与地区相关的梦世纪人物。仪式上会有一些秘密，但并不普遍，主要是受年龄和性别的限制。因此，虽然在这些部落的仪式生活中有了等级的种子，但还没有形成一个与普通人隔绝开的精英群体。哥贝克力石阵表明这种情况已经发生了变化。正如我们所看到的，中美洲和北美洲的考古学记录了类似的模式，人们定居后往往会投资于仪式建筑，将精英群体与其他群体区分开来（Flannery & Marcus，2012）。此外，欧洲更新世晚期的许多壮观的洞穴壁画艺术都是在人迹罕至、空间狭小的地方发现的。正如海登所展示的，太平洋和亚洲的反平均主义部落的人种学证据也记录了类似的模式：男人的房屋和其他仪式中心场所通常由大人物组织和建造，以便拉拢一些人，并将其他人排除在外（Hayden，2003，2014；Flannery & Marcus，2012）。如前所述，人种学案例研究表明，这些精英仪式和宗教活动，通常与在公共场所举行的更具包容性的仪式相结合。在第 2 章中提到的更新世的一些仪式功能得到了延续，如向他人宣示地方身份，以加强部落团结。但是他们在仪式建筑上投资巨大，用来宣传和强化地位及其影响差异。这表明部落意识形态生活得到了重大重塑：这显然与财富和影响力更加分化的世界是一致的，而且很可能加强了这种分化（Sterelny，2020b）。我认为，意识形态生活的重塑是可能的，或者至少是更容易的，因为在反平均主义社会出现之前，仪式和内行知识已经被部落中的部分人传递了下来，而这些人正是从对仪式和内行知识的控制中获得了地位和物质特权。

如果这种总体描绘是正确的，那么它从四个方面预测了反平均主义部落的出现。第一，在反平均主义部落出现之前，社会规模会有所扩大。第二，反平均主义部落只出现于分支的觅食部落，这些部落原先就存在类似氏族的群体。第三，反平均主义部落的出现源于政治和经济上平等的部落，但在这些部落中，深奥知识或仪式知识掌握在规模较小、声望较高的群体手中。第四，反平均主义部落通常出现在部落间暴力威胁程度处于中等水平的社会环境中。

冲突与等级：秩序与混乱的共生

对不平等的出现及其出现后合作的稳定性的解释，需要满足两个条件。首先，它应该解释不平等为什么会出现，或者说如果这个时期的洞穴艺术和丰富的墓葬确实表明在最后一个冰期结束时出现了不平等的话，其为什么会重新出现在人类演化的后期，即全新世或更新世末期。其次，这个解释必须是可靠的，它不能依赖于非常特殊情况的偶然巧合。因为世界上很多地方都出现了相互独立的反平均主义社会。

本章前面部分阐述的场景就满足这些条件。第一，不平等的出现依赖于可靠的盈余。农业生产过剩基本上是全新世的现象，这一点并不难理解。全新世的气候既温和又稳定，如果气候年度变化很大，那么，依赖农产品来解决温饱就是一个非常危险的选择。储藏觅食可能是更新世的一种可行选择。末次冰期的欧洲觅食者可能形成了主要依靠冷冻储藏的肉类建立的社会世界，有观点认为，大约 10 万年前，南非复杂的觅食者部落是依靠海洋资源建立起来的（Marean，2016）。但是，让更新世农业变得风险过高的变异，可能也减少了能够可靠地产生大量可储存盈余的场地。第二，虽然盈余对于反平均主义文化的出现是必要的，但这还不够。一个具有类似氏族制度的分支觅食社会组织可能也是必要的，以便使那些潜在的积累者能够获得社会和物质支持，这些支持也借此获得回报。仪式权力集中在少数人手中可能也是必要的，或者至少是非常有帮助的，其可以使早期的不平等合法化。这些并不是流动觅食者普遍使用的文化工具，所以，很可能不是在非洲南部最早出现的，也不是在大约 9 万年前智人离开非洲时向外传播的。它们出现得似乎比较晚，而且是零星的，也许是因为分支觅食社会组织本身依赖于后发的文化创新，特别是非常复杂的亲缘系统以及与之相伴的深厚的家族血统。尽管有很多不确定性，但证据表明，一个可靠的盈余，一个可以组织和奖励支持的氏族式的社会组织，以及对内行知识的特权控制，这一系列条件只在更新世末期或全新世以一定的频率出现。

因此，我们必须对不平等出现的时间给出合理且有说服力的解释。当地的环境因素和历史的偶然性对可靠的盈余何时成为生活的一部分产生了重要影响。但是，一旦农业成为全新世的一种选择，储藏农业变得更加普遍，那么盈余、部落间的紧张关系、氏族式的组织，以及仪式和宗教的文化斜向传递的有利因素，都会在世界大部分地区相当有规律地同时产生。最重要的是，不平等的出现并不依赖于一种不太可能的巧合，也不依赖于一系列精确的触发因素。

在第 3 章中，我们讨论了随着社会规模和复杂性的增加，群体间冲突和群体选择在合作的出现或稳定中所起的潜在作用。一旦执行反平均主义社会制度的村庄生活，在一个地区内广泛传播（这种情况在不同地区发生的时间非常不同），冲突驱动的群体选择就具备了出现的条件。我们在第 3 章中提到，文化传递创造了群体选择的基本要素：部落之间生活方式的稳定差异，可能会在几代人之间相当可靠地传递，而每个部落内部都相当同质。如果文化传递是斜向的，即通过每一代人中的几个关键人物进行，这种模式就会更常见、更清晰。此外，与流动觅食者的居住营地相比，有盈余的村庄是更有吸引力的侵略目标。储藏的盈余本身、改良的土地、妇女、奴隶或从属的藩属部落，都对入侵者充满了诱惑。此外，氏族式组织在这些部落中很常见，这使他们能够解决高成本、高回报的集体行动问题，而袭击一个实际或潜在的有防御能力的村庄就属于这类问题。

综上所述，处于冲突风险中的村庄的规范、习俗和制度在某种程度上很可能是由文化群体选择形成的。对此，我想提出两点看法。首先，我认为群体选择在适应性地塑造社会习俗方面可能没那么有效。其次，冲突的严重威胁可以通过改变个体策略所带来的收益来重塑个体的选择压力。在一个冲突不断增加的世界里，曾经的适应性选择可能会变得不适应，反之亦然。即便选择对群体并不起作用，冲突也可能具有选择性的重要意义。我将就群体选择的效率进行阐述。

即使选择压力很大，文化群体选择也可能无法有效地调整一个部落的文化特征，从而在群体间的竞争中取得成功。选择的优化能力取决于一系列因素，包括传承的质量、选择所作用的演化种群的规模、代际更替的速度以及变异的支持。假设文化传承是高质量的，且选择作用很强大，选择也取决于变异的支持。这时一个部落的文化习俗在多大程度上可以统一为一个整体，就变得很重要，我在第 1 章中也曾提及这个问题。如果一整套规范、习俗和制度可以相互整合在一起，例如有关女性工作性质的相关规范与聘礼规范或家庭居住习俗相关联，这些规范就不会彼此独立地变化。在这种情况下，选择就无法优化聘礼的形式，以最大程度地支持集体行动。聘礼就不会独立于部落群体的其他重要文化特征而单独发生变化。这个例子并不完全是虚构的。在对努尔 - 丁卡冲突进行重新分析时，埃利奥特・索伯（Elliott Sober）和戴维・威尔逊（David Wilson）认为，与努尔人相比，丁卡人在婚姻和家庭结构规范方面的习俗使他们在组织集体行动时处于劣势（Sober & Wilson，1998）。

要使选择有效，斯珀波（Sperber）所捍卫的一种强有力的文化原子论形式必须是正确的。尽管目前尚无定论，但我怀疑，几乎没有整合的强有力的文化原子论是不是普遍正确？近期，菲奥娜·乔丹（Fiona Jordan）及其同事关于亲缘关系的研究表明，规范在某种程度上进行了整合，更具体地说，是对不同文化中差异很大的表亲分类系统进行了整合（Racz，Passmore et al.，2019）。似乎有一些证据表明，表亲分类与环境因素（特别是婚姻规则）共同变化，最强烈的标志是语言的系统发育：语言系属分类倾向于独立于社会组织之外的相似的表亲分类。

此外，自然选择的效率与选择发生作用的种群规模有关。在考虑群体选择的效率时，相关的种群指的是群体的种群。选择不能有效地调整小种群。因为在小种群中，偶然事件常常能够塑造它们的演化轨迹。一般来说，部落的种群是小种群。简言之，我认为一个村庄的种群中可能存在对村庄的选择，这种选择将更倾向于那些使村庄在发生冲突情况下更能发挥作用的规范和习俗。我怀疑这种选择不是很有效。

其次，前文的重点在于论证群体间冲突的严重威胁改变了个体的回报及其群体内策略，使其有利于稳定等级社会中的合作。我们不必假设存在群体选择，因为部落之间的冲突会对群体内部的合作程度和社会契约被遵守的程度产生深远影响。冲突及冲突的威胁对个体决策的适应度结果有很大的影响。在第 2 章中，我们提到有分析和实验工作表明，无法控制的欺骗导致了合作的崩溃。但是，无论是实验中的真实主体还是计算机中的模拟主体，在合作或集体行动之外都有个人主义的选择。同样，流动觅食者可以单独觅食，而不是集体觅食。但是定居觅食者、向农业转型的定居觅食者和农民似乎没有有效的个人主义选择，在这种情况下他们就会变成野蛮人。试图恢复到流动觅食，对作为个体、家庭或一小群持不同意见的前农民而言，可能是一种绝望的选择。他们可能会失去重要的技能，且肯定没有横向互惠网络以管理风险，生产力最高的地方是永久定居地，他们容易受到敌对部落的人身伤害。也许在那些处于定居和流动生活方式交界地带的部落，部落成员们可能仍然不支持定居生活。我认为，这些交界地带的定居部落会因此更加平等。除此之外，退出也许并不是一种选择，同样，如果不是集体行动的一部分，公开违反平均主义部落的新规范也并不是一个好选择。甚至对那些一无所有的人来说，顺从和接受更糟糕的社会契约可能是他们最好的选择，即使是在那些处在前国家社会转变阶段的社会。

随着合作的第四次转变的发展，我们的祖先开始过着我们所了解的基本生活。他们还没有进入大众社会，没有与陌生人为伍，也没有受到国家的控制。但通往大众社会的道路是开放的。他们生活在越来越大的定居部落中；部落的存在仍然取决于专业化和长期规划视野；部落存在财富和权力的不平等，个体之间的互动往往以社会角色而不是以对亲密个体的了解为媒介。在历史的后视镜中，流动的、平均主义的觅食者的更新世社会契约正在消失。

- 农业革命引发了资源分配模式的根本变化，不平等的加剧导致等级制度的形成，但等级社会通过意识形态和仪式为合作提供了新的社会整合机制，使不平等与合作得以共存。

- 宗教和仪式在等级社会中不仅是一种精神安慰，更是强化群体认同和维持社会团结的重要工具。它们通过赋予等级制度合法性，使合作在不平等条件下依然得以延续。

- 等级社会的冲突和合作并存，体现了权力和资源分配的矛盾。社会规范的代际传递强化了不平等结构，同时限制了自下而上的社会变革可能性。

- 农业社会中的合作模式与狩猎采集社会截然不同，这种转变揭示了农业对人类社会组织的深远影响，从而促成了复杂的社会治理机制。

结　语

人类何以成为人类

THE PLEISTOCENE SOCIAL CONTRACT

结 语
人类何以成为人类

这4章描绘了我们的谱系中连接代际信息流、生态合作、经济合作的协同演化循环的发展，其结果改变了人类的生活方式和我们生活的世界。这给我们留下了一个难以避开的问题。一旦欺骗行为得到控制，信息共享、集体行动、劳动分工和交换的利益将是巨大的。那么，为什么只有少得可怜的几种脊椎动物演化出了利用这些利益的能力呢？除少数例外，持续的、代价高昂的、广泛的合作仅限于古人类，问题似乎出在合作建立之初。正如本书所表明的：一旦建立了一个适度的信息和生态合作平台，就会有积极的反馈循环可以稳定这种合作，并在某些情况下扩大合作。虽然不能保证这种循环会起作用，但一旦基本的文化学习和合作在我们的谱系中关联起来，它们的稳定和扩张就不难解释。但合作的生态位其实是很难进入的。例如，在自然界中，动物之间被充分证实的有直接互惠行为的例子非常少，这里指的是不密切相关的动物之间，尽管理论表明，能使直接互惠的合作稳定下来的条件应该相当普遍。这些条件是必要的：两个个体在未来的定期互动中都有很大可能使对方获益，以及一个给予帮助的成本较低而接受帮助自身会获益的环境，比如照顾幼体的互惠合作。

也许理论在这一点上有些误导。在阿克塞尔罗德（Axelrod）关于合作演化的著名模拟比赛中，成功的策略都愿意从合作开始，但随着收益表的构建，人们就越来越不会冒太大的风险了（Axelrod，1984）。在许多真实环境中，这一观点可能曲解了失败的第一步所付出的代价。因此，认为互惠应该很容易演化的理论研究可能歪曲了真实环境中的回报结构。然而，如果使直接互惠有利可图且稳定的条件确实相当普遍，那么约束就可能是动机和认知方面的，而不是选择性的。正如罗伯·博伊德所指出的，真实的环境是嘈杂且模糊的（Boyd，2016）。一方面，如果你有机会向自己的社交伙伴提供低成本但有价值的帮助，这些社交伙伴将来可能会与你有很多互动；另一方面，考虑到他们周围发生的一切，这更有必要追踪，并且考虑到主体没有认知或动机方面的专长来注意到这样的机会或就此采取行动，而这样的机会对主体来说是最重要的。在一个没有太多互助的世界里，帮助和回报实际上会为定期的有利互动打开大门，为什么即便如此，一个主体也仍旧会注意、关心或期待回报？即便如此，在行为生态学中仍有一个普遍未解决的问题：为什么不相关的脊椎动物之间的合作如此罕见？还有一个更具体的问题：既然这种情况如此罕见，我们的祖先是如何进入合作生态位的？

这个答案我们仍不知道。如第 1 章所述，我们了解到的关于上新世古人类的信息确实非常不完整。但我们可以确定答案中的一些要素：直立行走、季节性、广谱采掘觅食。直立行走很重要，因为它与领地大小有关。它使古人类能够在空间中有效地移动，最终实现这一点是以有效地利用树木作为避难所为代价的，尽管可能有一些混杂人种保留了夜间在树上筑巢的能力。一个拥有很大领地的广谱觅食者有很多东西要学，所以，任何幼体都要跟随着有经验的成体，通过密切关注成体去了哪里和没去哪里进行学习，这样的学习对幼体而言是有好处的。如果这些上新世古人类的活动范围不仅是季节性的，而且每年都频繁变化，那么他们需要学习的东西就更多。在季节性环境中，尤其是在那些受干旱影响的环境中，追踪水源并回忆可靠水源的位置可能特别重要（Finlayson，2014）。这些古人类需要日常用水，而且很可能在白天的某个合适时间需要水。他们应对捕食行为的一个方法，很可能是在中午进行捕猎，因为此时许多捕食者都在休息。这既增加了他们对日常用水的需求，也使他们必须在白天找到水源。在夜晚、黄昏和黎明，尤其是在干旱的时候，水潭是非常危险的，而上新世的古人类身体并不强壮。这也使他们选择采用空葫芦这样最简单的运水技术。因此，首先，直立行走加上广谱觅食作为增强社会学习的最初步骤，最大限度地利用了公共信息，这些公共信息是那些有经验的人在他们的活动范围内穿行和开发资源时积累的。

古人类也选择其他形式的合作。其中有一种形式是通过集体警戒、积极防御或两者兼而有之的合作进行捕食。戴尔·格思里（Dale Guthrie）指出，对古人类来说，要演化出寿命相对较长、幼年易受伤害期延长的生活史，包括因捕食行为造成的死亡在内的外因死亡率必须非常低。上新世的生活史并不要求上新世的古人类像大象一样不受捕食行为影响，但他们受捕食行为的影响必须比长颈鹿和水牛更小。长颈鹿和水牛体形大且危险，但寿命比上新世晚期的古人类更短，性成熟更早。这个比较是基于假设当时的古人类直到 8 ～ 10 岁才性成熟，并有可能活到 50 多岁的情况（Guthrie，2007）。即使他们以某种方式解决了夜间的安全问题，但仅在白天活动并不能带来他们想要的安全。我们不知道这些上新世古人类有什么样的安全措施，但很难想象，如果没有合作和某种武器，一只体形中等大小的直立行走动物是如何在森林和大草原上确保自己的安全的。同样难以想象的是，如果没有某种形式的生殖合作，这些古人类是如何生存下来的。至少，如果这些古人类的选择优势是通过在更大的活动范围内获得更多的资源，他们是如何生存下来的。[①] 即使上新世的幼体可以骑在母亲的肩膀上，但如果母亲要走很远的距离觅食，特别是如果她要穿越陡峭的山崖或坑坑洼洼的地面，那么她的体力消耗将会相当大。当然，如果她不

① 如果直立行走的动物能够偶尔在栖息地之间迁移，生殖合作可能就没那么重要了。

得不抱着幼体，负担会更大。因此，直立行走的优势，即远距离高效移动和开辟更大的觅食区域，对幼体的母亲来说是一种负担，除非有某种“照看”或其他形式的支持。

第二个要素是上新世觅食的信息负荷。上新世古人类的一个分支——强壮型南方古猿，演化出了咀嚼坚硬的植物食物的形态特征。尽管这些食物可能是他们的一种备用选择，而不是主要饮食选择。但包括能人在内的纤细型南方古猿并没有出现相同的演化。他们是广谱的采掘觅食者，其栖息地既有季节性变化，也有显著的年际变化。他们最有可能以狩猎一些小型猎物和采集植物食物为生，狩猎时也许会使用非常简单的木制长矛，就像一群黑猩猩那样（Pickering & Dominguez-Rodrigo，2012）。当时古人类的生活图景应该就是这样的：领地面积大，领地内有显著的季节性或年际变化，人们进行广泛的基础采掘觅食，并面对着潜在的水资源压力。这些因素综合起来意味着生存策略对信息的需求较高。在季节性和年际变化大的领地进行采集，要求主体能够识别大量潜在的食物，知道何时何地找到食物，避免采集有害或有毒的植物，尽量减少自身在捕食风险高的地方暴露。领地越大，觅食者需要学习的东西就越多。这种环境不但适合文化学习，甚至还可能适合某些教学，因为在这种环境中，教学成本低，收益很高，获得目标能力是困难的，而错误需要付出高昂代价。我之前说过，直立人的生活方式对信息的要求很高，也许高到文化学习对直立人的核心能力至关重要。这很可能起源于上新世古人类在季节性和年际变化巨大的森林中进行的广泛的基础采掘觅食。那些让我们独一无二的因素可能确实有很深的根源。在上新世的森林中，人类生活的第一步是应对变化、寻找方向和躲避危险。

THE PLEISTOCENE SOCIAL CONTRACT

参考文献

Aldenderfer, M. (1993). "Ritual, Hierarchy, and Change in Foraging Societies." *Journal of Anthropological Archaeology* 12(1): 1-40.

Ames, K. (1985). Hierarchies, Stress, and Logistical Strategies among Hunter-Gatherers in Northwestern North America. *Prehistoric Hunters-Gatherers: The Emergence of Cultural Complexity.* T. D. Price and J. Brown. New York, Academic Press: 155-180.

Ames, K. (1994). "The Northwest Coast: Complex Hunter-Gatherers, Ecology, and Social Evolution." *Annual Review of Anthropology* 23: 209-229.

Anderson, M. (2014). *After Phrenology: Neural Reuse and the Interactive Brain.* Cambridge, MIT Press.

Artemova, O. Y. (2016). "Monopolisation of Knowledge, Social Inequality and Egalitarianism." *Hunter Gatherer Research* 2(1): 5-37. doi:10.3828/hgr.2016.2.

Axelrod, R. (1984). *The Evolution of Cooperation.* New York, Basic Books.

Barker, G. (2006). *The Agricultural Revolution in Prehistory: Why Did Foragers Become Farmers?* Oxford, Oxford University Press.

Barkow, J. H., L. Cosmides and J. Tooby, Eds. (1992). *The Adapted Mind: Evolutionary Psychology and the Generation of Culture.* Oxford, Oxford University Press.

Barnard, A. (2011). *Social Anthropological and Human Origins.* Cambridge, Cambridge University Press.

Baumard, N. and P. Boyer (2013). "Religious Beliefs as Reflective Elaborations on Intuitions: A Modified Dual-Process Model." *Current Directions in Psychological Science* 22(4): 295-300.

Beck, W. (1992). "Aboriginal Preparation of Cycas Seeds in Australia." *Economic Botany* 46(2): 133-147.

Berlin, B. (1992). *Ethnobiological Classification: Principles of Categorization of Plants and Animals in Traditional Societies.* Princeton, Princeton University Press.

Bickerton, D. (2002). From Protolanguage to Language. *The Speciation of Modern Homo sapiens.* T. J. Crow. Oxford, Oxford University Press: 93-120.

Binford, L. (1980). "Willow Smoke and Dogs' Tails: Hunter-Gatherer Settlement Systems and Archaeological Site Formation." *American Antiquity* 45(1): 4-20.

Binford, L. (2007). The Diet of Early Hominins: Some Things We Need to Know before "Reading" the Menu from the Archaeological Record. *Guts and Brains.* W. Roebroeks. Leiden, Leiden University Press: 185-222.

Bingham, P. (1999). "Human Uniqueness: A General Theory." *Quarterly Review of Biology* 74(2): 133-169.

Bingham, P. (2000). "Human Evolution and Human History: A Complete Theory." *Evolutionary Anthropology* 9(6): 248-257.

Birch, J. (2012). "Collective Action in the Fraternal Transitions." *Biology & Philosophy* 27(3): 363-380.

Birch, J. (2017). *The Philosophy of Social Evolution.* Oxford, Oxford University Press.

Birch, J. (2021). "Toolmaking and the Origin of Normative Cognition." *Biology & Philosophy* 36(1): 1-26.

Birch, J. (in preparation). Normative Guidance and Skilled Action.

Bock, J. (2005). What Makes a Competent Adult Forager. *Hunter Gatherer Childhoods: Evolutionary, Developmental and Cultural Perspectives.* B. S. Hewlett and M. E. Lamb. New York, Aldine: 109-128.

Boehm, C. (1999). *Hierarchy in the Forest.* Cambridge, Harvard University Press.

Boehm, C. (2000). "Conflict and the Evolution of Social Control." *Journal of Consciousness Studies* 7(1-2): 79-101.

Boehm, C. (2012). *Moral Origins: The Evolution of Virtue, Altruism, and Shame.* New York, Basic Books.

Bowles, S. (2008). "Conflict: Altruism's Midwife." *Nature* 456(20 November 2008): 326-327.

Bowles, S. and J.-K. Choi (2013). "Coevolution of Farming and Private Property during the Early Holocene." *Proceedings of the National Academy of Sciences* 110(22): 8830-8835.

Bowles, S. and H. Gintis (2008). Cooperation. *New Palgrave Dictionary of Economics.* L. Blume and S. Durlauf. Basingstoke, Macmillan.

Bowles, S. and H. Gintis (2011). *A Cooperative Species: Human Reciprocity and Its Evolution.* Princeton, Princeton University Press.

Bowles, S., E. A. Smith and M. Borgerhoff Mulder (2010). "The Emergence and Persistence of Inequality in Premodern Societies." *Current Anthropology* 51(1): 7-17.

Boyd, B. (2009). *On the Origin of Stories.* Cambridge, Harvard University Press.

Boyd, R. (2016). *A Different Kind of Animal: How Culture Made Humans Exceptionally Adaptable and Cooperative.* Princeton, Princeton University Press.

Boyd, R. (2018). *A Different Kind of Animal.* Princeton, Princeton University Press.

Boyd, R., H. Gintis, S. Bowles and P. Richerson (2005). The Evolution of Altruistic Punishment. *Moral Sentiments and Material Interests: The Foundations of Cooperation in Economic Life.* H. Gintis, S. Bowles, R. Boyd and E. Fehr. Cambridge, MIT Press: 215-227.

Boyd, R. and P. Richerson (1992). "Punishment Allows the Evolution of Cooperation (or Anything Else) in Sizable Groups." *Ethology and Sociobiology* 13: 171-195.

Boyd, R. and P. Richerson (2001). Norms and Bounded Rationality. *Bounded Rationality: The Adaptive Toolbox.* G. Gigerenzer and R. Selten. Cambridge, MIT Press: 281-296.

Boyette, A. and B. Hewlett (2018). "Teaching in Hunter-Gatherers." *Review of Philosophy and Pyschology* 9: 771-797.

Braun, D. R., V. Aldeias, W. Archer, J. R. Arrowsmith, N. Baraki, C. J. Campisano and D. A. Feary (2019). "Earliest

Known Oldowan Artifacts at > 2.58 Ma from Ledi-Geraru, Ethiopia, Highlight Early Technological Diversity." *Proceedings of the National Academy of Sciences* 116(24): 11712-11717.

Bromham, L. (2016). *An Introduction to Molecular Evolution and Phylogenetics*. Oxford, Oxford University Press.

Brosnan, S. and F. de Waal (2003). "Monkeys Reject Unequal Pay." *Nature* 425: 297-299.

Bunn, H. and T. R. Pickering (2010). "Bovid Mortality Profiles in Paleoecological Context Falsify Hypotheses of Endurance Running-Hunting and Passive Scavenging by Early Pleistocene Hominins." *Quaternary Research* 74(3): 395-404.

Burkart, J. M., S. B. Hrdy and C. P. van Schaik (2009). "Cooperative Breeding and Human Cognitive Evolution." *Evolutionary Anthropology* 15(5): 175-186.

Calcott, B. (2008). "The Other Cooperation Problem: Generating Benefit." *Biology and Philosophy* 23(2): 179-203.

Chapais, B. (2008). *Primeval Kinship*. Cambridge, Harvard University Press.

Chapais, B. (2013). "Monogamy, Strongly Bonded Groups and the Evolution of Human Social Structure." *Evolutionary Anthropology* 22: 52-65.

Chapais, B. (2014). "Complex Kinship Patterns as Evolutionary Constructions, and the Origins of Sociocultural Universals." *Current Anthropology* 55(6): 751-783.

Childe, G. (1936). *Man Makes Himself*. Oxford, Oxford University Press.

Churchill, S. (1993). "Weapon Technology, Prey Size Selection, and Hunting Methods in Modern Hunter - Gatherers: Implications for Hunting in the Palaeolithic and Mesolithic." *Archaeological Papers of the American Anthropological Association* 4(1): 11-24.

Churchill, S. and J. Rhodes (2009). The Evolution of the Human Capacity for "Killing at a Distance" : The Human Fossil Evidence for the Evolution of Projectile Weaponry. *The Evolution of Hominin Diets: Integrating Approaches to the Study of Palaeolithic Subsistence*. J.-J. Hublin and M. Richards. Dordrecht, Springer: 201-210.

Corbey, R., A. Jagich, K. Vaesen and M. Collard (2016). "The Acheulean Handaxe: More Like a Bird's Song Than a Beatles' Tune?" *Evolutionary Archaeology* 25: 6-19.

Csibra, G. and G. Gergely (2009). "Natural Pedagogy." *Trends in Cognitive Science* 13(4): 148-153.

Csibra, G. and G. Gergely (2011). "Natural Pedagogy as Evolutionary Adaptation." *Philosophical Transactions of the Royal Society B* 366(1567): 1149-1157.

Currie, A. (2018). *Rock, Bone and Ruin: An Optimist's Guide to the Historical Sciences.* Cambridge, MIT Press.

Currie, A. and K. Sterelny (2017). "In Defence of Story-telling." *Studies in History and Philosophy of Science Part A* 62(April): 14-21.

Curry, O. S., D. Mullins and H. Whitehouse (2019). "Is It Good to Cooperate? Testing the Theory of Morality-as-Cooperation in 60 Societies." *Current Anthropology* 60(1): 47-69.

Deacon, T. (1997). *The Symbolic Species: The Co-evolution of Language and the Brain.* New York, W.W Norton.

Dennett, D. C. (1993). "Learning and Labelling." *Mind and Language* 8(4): 540-547.

Diamond, J. (1987). "The Worst Mistake in the History of the Human Race." *Discover* 7: 64-66.

Domínguez-Rodrigo, M. and T. R. Pickering (2017). "The Meat of the Matter: An Evolutionary Perspective on Human Carnivory." *Azania: Archaeological Research in Africa* 52(1): 4-32.

Dunbar, R. (1996). *Grooming, Gossip and the Evolution of Language.* London, Faber and Faber.

Evans, N. (2017). "Did Language Evolve in Multilingual Settings?" *Biology & Philosophy* 32:905-933.

Fehr, E. and U. Fischbacher (2003). "The Nature of Human Altruism." *Nature* 425: 785-791.

Fehr, E. and S. Gachter (2002). "Altruistic Punishment in Humans." *Nature* 415(10 January): 137-140.

Finlayson, C. (2014). *The Improbable Primate: How Water Shaped Human Evolution.* Oxford, Oxford University Press.

Flannery, K. (1969a). Origins and Ecological Effects of Early Domestication in Iran and the Near East. *The Domestication and Exploitation of Plants and Animals.* P. Ucko and G. Dimbleby. London, Duckworth: 73-100.

Flannery, K. and J. Marcus (2012). *The Creation of Inequality.* Cambridge,

Harvard University Press.

Frank, R. (1988). *Passion within Reason: The Strategic Role of the Emotions.* New York, WW Norton.

Frison, G. C. (2004). *Survival by Hunting: Prehistoric Human Predators and Animal Prey Berkeley,* University of California Press.

Furuichi, T. (2011). "Female Contributions to the Peaceful Nature of Bonobo Society." *Evolutionary Anthropology* 20: 131–142.

Gächter, S., B. Herrmann and C. Thöni (2010). "Culture and Cooperation." *Philosophical Proceedings of the Royal Society Series B* 365: 2651–2661.

Gamble, C. (2013). *Settling the Earth: The Archaeology of Deep Human History.* Cambridge, Cambridge University Press.

Gamble, C., R. Dunbar and J. Gowlett (2014). *Thinking Big: How the Evolution of Social Life Shaped the Human Mind.* London, Thames and Hudson.

Garde, M., B. L. Nadjamerrek, M. Kolkkiwarra, J. Kalarriya, J. Djandjomerr, B. Birriyabirriya, R. Bilindja, M. Kubarkku and P. Biless (2009). The Language of Fire: Seasonality, Resources and Landscape Burning on the Arnhem Land Plateau. *Culture, Ecology and Economy of Fire Management in North Australian Savannas.* J. Russell-Smith, P. Whitehead and P. Cooke. Melbourne, CSIRO: 85–164.

Genz, J., J. Aucan, M. Merrifield, B. Finney, K. Joel and A. Kelen (2009). "Wave Navigation in the Marshall Islands: Comparing Indigenous and Western Scientific Knowledge of the Ocean." *Oceanography* 22(2): 234–245.

Gilligan, I. (2007a). "Clothing and Modern Human Behaviour: Prehistoric Tasmania as a Case Study." *Archaeology in Oceania* 42(3): 102–111.

Gilligan, I. (2007b). "Neanderthal Extinction and Modern Human Behaviour: The Role of Climate Change and Clothing." *World Archaeology* 39(4): 499–514.

Gintis, H. (2013). Territoriality and Loss Aversion: The Evolutionary Roots of Property Rights. *Cooperation and Its Evolution.* K. Sterelny, R. Joyce, B. Calcott and F. Ben. Cambridge, MIT Press: 117–131.

Gintis, H., J. Henrich, S. Bowles, R. Boyd and E. Fehr (2008). "Strong Reciprocity and the Roots of Human Morality." *Social Justice Research*

21(2): 241-253.

Godfrey-Smith, P. (2009). *Darwinian Populations and Natural Selection.* Oxford, Oxford University Press.

Gould, R. A. (1969). *Yiwara: Foragers of the Australian Desert.* Sydney & London, Collins.

Gould, S. J. and R. Lewontin (1978). "The Spandrels of San Marco and the Panglossian Paradigm: A Critique of the Adaptationist Programme." *Proceedings of the Royal Society, London (Series B)* 205: 581-598.

Gowlett, J. (2016). "The Discovery of Fire by Humans: A Long and Convoluted Process." *Philosophical Transactions of the Royal Society series B* 371(1696).

Gowlett, J. and R. Wrangham (2013). "Earliest Fire in Africa: Towards the Convergence of Archaeological Evidence and the Cooking Hypothesis." *Azania: Archaeological Research in Africa* 48(1): 5-30.

Gurven, M. and K. Hill (2006). Hunting as Subsistence and Mating Effort? A Re-evaluation of "Man the Hunter", the Sexual Division of Labor and the Evolution of the Nuclear Family. *IUSSP Seminar on Male Life History.* Giessen, Germany.

Gurven, M. and K. Hill (2009). "Why Do Men Hunt? A Reevaluation of 'Man the Hunter' and the Sexual Division of Labor." *Current Anthropology* 50(1): 51-74.

Gurven, M. and K. Hill (2010). "Moving beyond Stereotypes of Men's Foraging Goals." *Current Anthropology* 51(2): 265-267.

Gurven, M., H. Kaplan and M. Gutierrez (2006). "How Long Does It Take to Become a Proficient Hunter? Implications for the Evolution of Extended Development and Long Life Span." *Journal of Human Evolution* 51: 454-470.

Guthrie, R. D. (2005). *The Nature of Paleolithic Art.* Chicago, University of Chicago Press.

Guthrie, R. D. (2007). Haak en Steek—The Tool That Allowed Hominins to Colonize the African Savanna and Flourish There. *Guts and Brains.* W. Roebroeks. Leiden, Leiden University Press: 133-164.

Haagen, C. (1994). *Bush Toys: Aboriginal Children at Play.* Canberra, Aboriginal Studies Press.

Harmand, S., J. Lewis, C. S. Feibel, C. Lepre, S. Prat, A. Lenoble, X. Boës, R. Quinn, M. Brenet, A. Arroyo, N. Taylor,

S. Clément, G. Daver, J.-P. Brugal, L. Leakey, R. Mortlock, J. Wright, S. Lokorodi, C. Kirwa, D. Kent and H. Roche (2015). "3.3-Million-Year-Old Stone Tools from Lomekwi 3, West Turkana, Kenya." *Nature* 521: 310-315.

Hart, C. W. and A. Pilling (1960). *The Tiwi of North Australia.* Stanford, Stanford University Press.

Hawkes, K. (1991). "Showing-off: Tests of Another Hypothesis about Men's Foraging Goals." *Ethology and Sociobiology* 11: 29-54.

Hawkes, K. (2003). " Grandmothers and the Evolution of Human Longevity." *American Journal of Human Biology* 15(3): 380-400.

Hawkes, K. and R. Bird (2002). "Showing Off, Handicap Signaling and the Evolution of Men's Work." *Evolutionary Anthropology* 11(1): 58-67.

Hawkes, K., J. F. O' Connell, et al. (1998). "Grandmothering, Menopause and the Evolution of Human Life Histories." *Proceedings of the National Academy of Science, USA* 95: 1336-1339.

Hawkes, K., J. F. O'Connell and N. Blurton Jones (2018). "Hunter - Gatherer Studies and Human Evolution: A Very Selective Review." *American Journal of Physical Anthropology* 165(4): 777-800.

Hawkes, K., J. F. O'Connell and J. E. Coxworth (2010). "Family Provisioning Is Not the Only Reason Men Hunt." *Current Anthropology* 51(2): 259-264.

Hayden, B. (2003). *Shamans, Sorcerers and Saints.* Washington, Smithsonian.

Hayden, B. (2011). Big Man, Big Heart? The Political Role of Aggrandizers in Egalitarian and Transegalitarian Societies. *For the Greater Good of All: Perspectives on Individualism, Society and Leadership.* D. Forsyth and C. Hoyt. New York, Palgrave Macmillan: 101-118.

Hayden, B. (2014). *The Power of Feasts: From Prehistory to the Present.* Cambridge, Cambridge University Press.

Hayden, B. (2018). *The Power of Ritual in Prehistory.* Cambridge, Cambridge University Press.

Hayden, B., N. Canuel and J. Shanse (2013). "What Was Brewing in the Natufian? An Archaeological Assessment of Brewing Technology in the Epipaleolithic." *Journal of Archaeological Method and Theory* 20: 102-150.

Henrich, J. (2006). "Cooperation, Punishment, and the Evolution of Human Institutions." *Science* 312(5770): 60-61.

Henrich, J. (2016). *The Secret of Our Success: How Culture Is Driving Human Evolution, Domesticating Our Species and Making Us Smarter.* Princeton, Princeton University Press.

Henrich, J. and F. Gil-White (2001). "The Evolution of Prestige: Freely Conferred Deference as a Mechanism for Enhancing the Benefits of Cultural Transmission." *Evolution and Human Behavior* 22: 165-196.

Herculano-Houzel, S. (2016). *The Human Advantage: A New Understanding of How Our Brain Became Remarkable.* Cambridge, MIT Press.

Hewlett, B., J. Hudson, A. Boyette and H. Fouts (2019). Intimate Living: Sharing Space among Aka and Other Hunter-Gatherers. *Towards a Broader View of Hunter-Gatherer Sharing.* N. Lavi and D. Friesom. Cambridge, McDonald Institute: 39-56.

Hewlett, B., J. Hudson, A. Boyette and H. Fouts (2019). Intimate Living: Sharing Space among Aka and Other Hunter-Gatherers. *Towards a Broader View of Hunter-Gatherer Sharing.* N. Lavi and D. Friesem. Cambridge, McDonald Institute for Archaeological Rsearch: 40-56.

Heyes, C. (2012). "Grist and Mills: On the Cultural Origins of Cultural Learning." *Philosophical Transactions of the Royal Society B* 367: 2181-2191.

Heyes, C. (2013). What Can Imitation Do for Cooperation? *Cooperation and Its Evolution.* K. Sterelny, R. Joyce, B. Calcott and B. Fraser. Cambridge, MIT Press: 313-331.

Heyes, C. (2018). *Cognitive Gadgets: The Cultural Evolution of Thinking* Cambridge, Harvard University Press.

Hill, K., R. Walker, M. Božičević, J. Eder, T. Headland, B. Hewlett, M. Hurtado, F. W. Marlowe, P. Wiessner and B. Wood (2011). "Co-Residence Patterns in Hunter-Gatherer Societies Show Unique Human Social Structure." *Science* 331(11 March): 2286-2289.

Hiscock, P. (2008). *Archaeology of Ancient Australia.* London, Routledge.

Hiscock, P. (2014). "Learning in Lithic Landscapes: A Reconsideration of the Hominid 'Tool-Using' Niche." *Biological Theory* 9(1): 27-41.

Hiscock, P. (2020). "Mysticism and Reality in Aboriginal Myth: Evolution and Dynamism in Australian Aboriginal Religion." *Religion, Brain & Behavior* 20(3): 321-344.

Hrdy, S. B. (2009). *Mothers and Others: The Evolutionary Origins of Mutual Understanding Cambridge*, Harvard University Press.

Jackendoff, R. (1999). "Possible Stages in the Evolution of the Language Capacity." *Trends in Cognitive Science* 3(7): 272-279.

Jaubert, J., S. Verheyden, D. Genty, M. Soulier, H. Cheng, D. Blamart, C. Burlet, H. Camus, S. Delaby, D. Deldicque, L. Edwards, C. Ferrier, F. L. Acrampe-Cuyaubère, F. Lévêque, F. Maksud, P. Mora, X. Muth, É. Régnier, J.-N. Rouzaud and F. Santos (2016). "Early Neanderthal Constructions Deep in Bruniquel Cave in Southwestern France." *Nature* 534(02 June): 111-114.

Jensen-Seaman, M. and K. Hooper-Boyd (2013). "Molecular Clocks: Determining the Age of the Human-Chimpanzee Divergence." *Wiley ELS*. doi: 10.1002/9780470015902.a0020813.pub2.

Jones, M. (2007). *Feast: Why Humans Share Food*. Oxford, Oxford University Press.

Kaplan, H., S. Gangestad, M. Gurven, J. Lancaster, T. Mueller and A. Robson (2007). The Evolution of Diet, Brain and Life History among Primates and Humans. *Guts and Brains*. W. Roebroeks. Leiden, Leiden University Press: 47-90.

Kaplan, H., P. Hooper and M. Gurven (2009). "The Evolutionary and Ecological Roots of Human Social Organization." *Philosophical Transactions of the Royal Society, London*, B 364: 3289-3299.

Keen, I. (2004). *Aboriginal Economy and Society: Australia at the Threshold of Colonisation*. Melbourne, Oxford University Press.

Keen, I. (2006). "Constraints on the Development of Enduring Inequalities in Late Holocene Australia." *Current Anthropology* 47(1): 7-38.

Kelly, L. (2015). *Knowledge and Power in Prehistoric Societies: Orality, Memory, and the Transmission of Culture*. Cambridge, Cambridge University Press.

Kelly, R. (2000). *Warless Societies and the Origin of War*. Ann Arbor, University of Michigan Press.

Kelly, R. K. (2013). *The Lifeways of Hunter-Gatherers: The Foraging Spectrum*. Cambridge, Cambridge

University Press.

Killin, A. (2017). "Plio-Pleistocene Foundations of Hominin Musicality: Coevolution of Cognition, Sociality, and Music." *Biological Theory* 12(4): 222–235.

Kim, N. and M. Kissel (2017). *Emergent Warfare in Our Evolutionary Past.* London, Routledge.

Klein, R. and T. Steele (2013). "Archaeological Shellfish Size and Later Human Evolution in Africa." *Proceedings of the National Academy of Science* 110(27): 10910–10915.

Klein, R. G. (2009). *The Human Career: Human Biological and Cultural Origins.* Chicago, University of Chicago Press.

Knauft, B. (2005). *The Gebusi.* New York, McGraw-Hill.

Koster, J., R. McElreath, K. Hill, D. Yu, G. Shepard Jr., N. van Vliet, M. Gurven, B. Trumble, R. Bliege Bird, D. Bird, B. Codding, L. Coad, L. PachecoCobos, B. Winterhalder, K. Lupo, D. Schmitt, P. Sillitoe, M. Franzen, M. Alvard, V. Venkataraman, T. Kraft, K. Endicott, S. Beckerman, S. A. Marks, T. Headland, M. Pangau-Adam, A. Siren, K. Kramer, R. Greaves, V. Reyes-García, M. Guèze, R. Duda, A. I. Fernández-Llamazares, S. Gallois, L. Napitupulu, R. Ellen, J. Ziker, M. R. Nielsen, E. Ready, C. Healey and C. Ross (2020). "The Life History of Human Foraging: Cross-Cultural and Individual Variation." *Science Advances* 6 (June 24).

Kuhn, S. (2019). *The Evolution of Paleolithic Technologies.* London, Routledge.

Kuhn, S. (2020). *The Evolution of Paleolithic Technologies.* London, Routledge.

Kuijt, I. (2008). "The Regeneration of Life: Neolithic Structures of Symbolic Remembering and Forgetting." *Current Anthropology* 49(2): 171–197.

Kuzmin, Y., G. S. Burr and L. D. Sulerzhitsky (2004). "AMS 14C Age of the Upper Palaeolithic Skeletons from Sungir Site, Central Russian Plain." *Nuclear Instruments and Methods in Physics Research Section B: Beam Interactions with Materials and Atoms* 223–224(August): 731–734.

Laden, G. and R. Wrangham (2005). "The Rise of the Hominids as an Adaptive Shift in Fallback Foods: Plant Underground Storage Organs (USOs) and Australopith Origins." *Journal of Human Evolution* 49(4): 482–498.

Layton, R. (2008). What Can Ethnography Tell Us about Human Social

Evolution? *Early Human Kinship: From Sex to Social Reproduction.* N. Allen, H. Callan, R. Dunbar and W. James. Oxford, Blackwell: 113–128.

Layton, R. and S. O'Hara (2010). Human Social Evolution: A Comparison of Hunter-Gatherer and Chimpanzee Social Organization. *Social Brain, Distributed Mind.* R. Dunbar, C. Gamble and J. Gowlett. Oxford, Oxford University Press: 83–113.

Layton, R., S. O'Hara and A. Bilsborough (2012). "Antiquity and Social Function of Multilevel Social Organization among Human HunterGatherers." *International Journal of Primatology* 33(5): 1215–1245.

Levinson, S. (2006). "Matrilineal Clans and Kin Terms on Rossel Island." *Anthropological Linguistics* 48(1): 1–22.

Lew-Levy, S., S. Kissler, A. Boyette, A. Crittenden, I. Mabulla and B. Hewlett (2020). "Who Teaches Children to Forage? Exploring the Primacy of childto-Child Teaching among Hadza and BaYaka Hunter-Gatherers of Tanzania and Congo." *Evolution and Human Behavior* 41: 12–22.

Lew-Levy, S., N. Lavi, R. Reckin, J. Cristóbal-Azkarate and K. Ellis-Davies (2018). "How Do Hunter- Gatherer Children Learn Social and Gender Norms? A Meta- Ethnographic Review." *Cross-Cultural Research* 52(2): 213–255.

Lew-Levy, S., R. Reckin, N. Lavi, J. Cristóbal-Azkarate and K. Ellis-Davies (2017). "How Do Hunter-Gatherer Children Learn Subsistence Skills? A Meta-Ethnographic Review." *Human Nature* 28: 367–394.

Lewis, D. (1972). *We, the Navigators: The Ancient Art of Landfinding in the Pacific.* Canberra, ANU Press.

Lewis, J. (2013). A Cross-Cultural Perspective on the Significance of Music and Dance on Culture and Society: Insight from BaYaka Pygmies. *Language, Music and the Brain: A Mysterious Relationship.* M. Arbib. Cambridge, MIT Press. Strüngmann Forum Reports: 45–65.

Lewis, J. (2015). "Where Goods Are Free but Knowledge Costs: HunterGatherer Ritual Economics in Western Central Africa." *Hunter Gatherer Research* 1(1): 1–27.

Lewis, J. (2016). Play, Music, and Taboo in the Reproduction of an Egalitarian Society. *Social Learning and Innovation in Contemporary Hunter-*

Gatherers. H. Terashima and B. Hewlett. Dordrecht, Springer: 147-158.

Love, J. R. B. (2009 (1936)). *Kimberley People Stone Age Bushmen of Today*. Darwin, David Welch.

Lugli, F., A. Cipriani, G. Capecchi, F. Boschin, P. Boscato, P. Iacumin, F. Badino, M. A. Mannino, S. Talamo, M. Richards, S. Benazzi and A. Ronchitelli (2019). "Strontium and Stable Isotope Evidence of Human Mobility Strategies across the Last Glacial Maximum in Southern Italy." *Nature Ecology and Evolution* 3(June): 905-911.

Manthi, F., M. Plavcan and C. Ward (2012). "New Hominin Fossils from Kanapoi, Kenya, and the Mosaic Evolution of Canine Teeth in Early Hominins." *South African Journal of Science* 108(3/4): 1-9.

Marean, C. (2011). Coastal South Africa and the Coevolution of the Modern Human Lineage and the Coastal Adaptation. *Trekking the Shore*. N. Bicho, J. Haws and L. Davis. Dordrecht, Springer: 421-440.

Marean, C. (2016). "The Transition to Foraging for Dense and Predictable Resources and Its Impact on the Evolution of Modern Humans." *Philosophical Proceedings of the Royal Society series B* 371: 20150239.

Marean, C., M. Bar-Matthews, J. Bernatchez, E. Fisher, P. Goldberg, A. I. Herries, Z. Jacobs, A. Jerardino, P. Karkanas, T. Minichillo, P. J. Nilssen, E. Thompson, I. Watts and H. M. Williams (2007). "Early Human Use of Marine Resources and Pigment in South Africa during the Middle Pleistocene." *Nature* 449(18 October): 905-908.

Marlowe, F. W. (2010). *The Hadza: Hunter-Gatherers of Tanzania*. Berkeley, University of California Press.

Marwick, B. (2003). "Pleistocene Exchange Networks as Evidence for the Evolution of Language." *Cambridge Archaeological Journal* 13(1): 67-81.

Maslin, M. (2017). *The Cradle of Humanity*. Oxford, Oxford University Press.

Mattison, S., E. Smith, M. Shenk and E. Cochrane (2016). "The Evolution of Inequality." *Evolutionary Anthropology* 25: 184-199.

McBrearty, S. (2007). Down with the Revolution. *Rethinking the Human Revolution: New Behavioural and Biological Perspectives on the Origin and Dispersal of Modern Humans*. P. Mellars, K. Boyle, C. Stringer and O. Bar-Yosef. Cambridge, McDonald Institute

Archaeological Publications: 133–151.

McBrearty, S. and A. Brooks (2000). "The Revolution That Wasn't: A New Interpretation of the Origin of Modern Human Behavior." *Journal of Human Evolution* 39(5): 453–563.

McNeill, W. H. (1997). *Keeping Together in Time: Dance and Drill in Human History*. Cambridge, Harvard University Press.

McNiven, I. J., J. Crouch, T. Richards, K. Sniderman, N. Dolby and G. M. T. O. A. Corporation (2015). "Phased Redevelopment of an Ancient Gunditjmara Fish Trap over the Past 800 Years: Muldoons Trap Complex, Lake Condah, Southwestern Victoria." *Australian Archaeology* 81(December): 44–58.

McPherron, S. P., Z. Alemseged, C. Marean, J. Wynn, D. Reed, D. Geraads, R. Bobe and H. Béarat (2010). "Evidence for Stone-Tool-Assisted Consumption of Animal Tissues before 3.39 Million Years Ago at Dikika, Ethiopia." *Nature* 466: 857–860.

Meggitt, M. J. (1962). *Desert People*. Sydney, Angus and Robertson.

Mercier, H. and D. Sperber (2017). *The Enigma of Reason: A New Theory of Human Understanding*. London, Allen Lane.

Mithen, S. (1996). *The Prehistory of the Mind*. London, Phoenix Books.

Morris, I. (2015). *Foragers, Farmers and Fossil Fuels*. Princeton, Princeton University Press.

Mussi, M. (2007). Women of the Middle Latitudes: The Earliest Peopling of Europe from a Female Perspective. *Guts and Brains*. W. Roebroeks. Leiden, Leiden University Press: 168–183.

Muthukrishna, M. and J. Henrich (2016). "Innovation in the Collective Brain." *Philosophical Transactions of the Royal Society B: Biological Sciences* 371(1690): 20150192.

Nichols, S. (2004). *Sentimental Rules: On the Natural Foundations of Moral Judgment*. New York, Oxford University Press.

O'Connell, J. F. (2006). How Did Modern Humans Displace Neanderthals? Insights from Hunter-Gatherer Ethnography and Archaeology. *Neanderthals and Modern Humans Meet?* N. Conard. Tübingen, Kerns Verlag: 43–64.

O'Connell, J. F., K. Hawkes, et al. (1999). "Grandmothering and the Evolution of *Homo erectus*." *Journal of Human Evolution* 36: 461-485.

O'Driscoll, C. and J. Thompson (2018). "The Origins and Early Elaboration of Projectile Technology." *Evolutionary Anthropology* 27: 30-45.

Ofek, H. (2001). *Second Nature: Economic Origins of Human Evolution.* Cambridge, Cambridge University Press.

Okasha, S. (2006). *Evolution and the Units of Selection.* Oxford, Oxford University Press.

Opie, K. and C. Power (2008). Grandmothering and Female Coalitions. *Early Human Kinship.* N. Allen, H. Callan, R. Dunbar and W. James. Oxford, Blackwell: 168-186.

Papagianni, D. and M. Morse (2015). *The Neanderthals Rediscovered.* London, Thames and Hudson.

Peterson, D. and R. Wrangham (1997). *Demonic Males: Apes and the Origins of Human Violence.* New York, Mariner Books.

Peterson, N. (1993). "Demand Sharing: Reciprocity and the Pressure for Generosity among Foragers." *American Anthropologist* 95(4): 860-874.

Pettitt, P. (2011). *The Palaeolithic Origins of Human Burial.* London, Routledge.

Pettitt, P. (2015). Landscapes of the Dead: The Evolution of Human Mortuary Activity from Body to Place in Pleistocene Europe. *Settlement, Society and Cognition in Human Evolution.* . F. Coward, R. Hosfield, M. Pope and F. Wenban-Smith. Cambridge, Cambridge University Press: 258-273.

Pickering, T. R. (2013). *Rough and Tumble: Aggression, Hunting, and Human Evolution.* Los Angeles, University of California Press.

Pickering, T. R. and H. Bunn (2012). Meat Foraging by Pleistocene African Hominins: Tracking Behavioral Evolution beyond Baseline Inferences of Early Access to Carcasses. *Stone Tools and Fossil Bones.* M. DominguezRodrigo. New York, Cambridge University Press: 152-173.

Pickering, T. R. and M. Dominguez-Rodrigo (2012). Can We Use Chimpanzee Behavior to Model Early Hominin Hunting? *Stone Tools and Fossil Bones.* M. Dominguez-Rodrigo. New York, Cambridge University Press: 174-203.

Pinker, S. (1997). *How the Mind Works.* New York, W.W. Norton.

Planer, R. and K. Sterelny (2021). *From Sign to Symbol.* Cambridge, MIT Press.

Powell, A., S. Shennan and M. Thomas

(2009). "Late Pleistocene Demography and the Appearance of Modern Human Behavior." *Science* 324(5 June): 1298-1301.

Racz, P., S. Passmore and F. Jordan (2019). "Social Practice and Shared History, Not Learning Biases, Structure Cross-Cultural Complexity in Kinship Systems." *Topics in Cognitive Science.*

Reid, J. (1983). *Sorcerers and Healing Spirits.* Canberra, ANU Press.

Richerson, P. and R. Boyd (2013). Rethinking Paleoanthropology: A World Queerer Than We Had Supposed. *The Evolution of Mind, Brain and Culture.* G. Hatfield and H. Pittman. Philadelphia, University of Pennsylvania Press: 263-302.

Richerson, P., R. Boyd and J. Henrich (2003). Cultural Evolution of Human Cooperation. *Genetic and Cultural Evolution of Cooperation.* P. Hammerstein. Cambridge, MIT Press: 373-404.

Richerson, P. J. and R. Boyd (2001). "Built for Speed, Not for Comfort." *History and Philosophy of the Life Sciences* 23: 423-463.

Rightmire, G. P. (2013). "*Homo erectus* and Middle Pleistocene Hominins: Brain Size, Skull Form, and Species Recognition." *Journal of Human Evolution* 65: 223-252.

Rodseth, L. (2012). "From Bachelor Threat to Fraternal Security: Male Associations and Modular Organization in Human Societies." *International Journal of Primatology* 33: 1194-1214.

Rossano, M. (2015). "The Evolutionary Emergence of Costly Rituals." *Paleo-Anthropology* 2015: 78-100.

Sahlins, M. (1968). Notes on the Original Affluent Society. *Man the Hunter.* R. B. Lee and I. DeVore. New York, Aldine Publishing Company: 85-89.

Salem, P. and S. Churchill (2016). Penetration, Tissue Damage, and Lethality of Wood- versus Lithic-Tipped Projectiles. *Multidisciplinary Approaches to the Study of Stone Age Weaponry.* R. Iovita and K. Sano. Dordrecht, Springer: 203-212.

Scheel, D. and C. Packer (1991). "Group Hunting Behavior of Lions: A Search for Cooperation." *Animal Behavior* 41(4): 697-709.

Scott, J. (2017). *Against The Grain: A Deep History of the Earliest States.* New Haven, Yale University Press.

Seabright, P. (2006). "The Evolution

of Fairness Norms: An Essay on Ken Binmore's Natural Justice." *Politics Philosophy and Economics* 5(1): 33-50.

Seabright, P. (2010). *The Company of Strangers: A Natural History of Economic Life.* Princeton, Princeton University Press.

Shea, J. (2017). "Occasional, Obligatory and Habitual Stone Tool Use in Hominin Evolution." *Evolutionary Anthropology* 28: 200-217.

Shenk, M. K., M. B. Mulder, J. Beise, G. Clark, W. Irons, D. Leonetti, B. S. Low, S. Bowles, T. Hertz, A. Bell and P. Piraino (2010). "Intergenerational Wealth Transmission among Agriculturalists Foundations of Agrarian Inequality." *Current Anthropology* 51(1): 65-84.

Shennan, S. (2018). *The First Farmers of Europe: An Evolutionary Perspective.* Cambridge, Cambridge University Press.

Shipton, C. (2010). "Imitation and Shared Intentionality in the Acheulean." *Cambridge Archaeological Journal* 20(2): 197-210.

Shultz, S., E. Nelson and R. Dunbar (2012). "Hominin Cognitive Evolution: Identifying Patterns and Processes in the Fossil and Archaeological Record." *Philosophical Proceedings of the Royal Society series B* 367(1599): 2130-2140.

Smith, D., P. Schlaepfer, K. Major, M. Dyble, A. E. Page, J. Thompson, N. Chaudhary, G. D. Salali, R. Mace, L. Astete, M. Ngales, L. Vinicius and A. B. Migliano (2017). "Cooperation and the Evolution of Hunter-Gatherer Storytelling." *Nature Communications* 8: 1853.

Smith, E. A., K. Hill, F. W. Marlowe, D. Nolin, P. W. Wiessner, M. Gurven, S. Bowles, M. B. Mulder, T. Hertz and A. Bell (2010). "Wealth Transmission and Inequality among Hunter-Gatherers." *Current Anthropology* 51(1): 19-35.

Sober, E. and D. S. Wilson (1998). *Unto Others: The Evolution and Psychology of Unselfish Behavior.* Cambridge, Harvard University Press.

Sperber, D. (1996). *Explaining Culture: A Naturalistic Approach.* Oxford, Blackwell.

Spikins, P., H. Rutherford and A. Needham (2010). "From Homininity to Humanity: Compassion from the Earliest Archaics to Modern Humans." *Time and Mind* 3(3): 303-325.

Stanford, C. (2018). *The New Chimpanzee: A Twenty-First Century Portrait of Our Closest Kin.* Cambridge, Harvard University Press.

Sterelny, K. (2003). *Thought in a Hostile World.* New York, Blackwell.

Sterelny, K. (2012). *The Evolved Apprentice.* Cambridge, MIT Press.

Sterelny, K. (2014). "A Paleolithic Reciprocation Crisis: Symbols, Signals, and Norms." *Biological Theory* 9(1): 65-77.

Sterelny, K. (2015). "Optimizing Engines: Rational Choice in the Neolithic?" *Philosophy of Science* 82(July): 402-423.

Sterelny, K. (2017). "Religion Re-Explained." *Religion, Brain & Behavior*8(4): 406-425.

Sterelny, K. (2020-a). "Demography and Cultural Complexity." *Synthese.*

Sterelny, K. (2020-b). "Religion: Costs, Signals, and the Neolithic Transition." *Religion Brain & Behavior* 10(3): 303-320.

Sterelny, K. and T. Watkins (2015). "Neolithization in Southwest Asia in a Context of Niche Construction Theory." *Cambridge Archaeological Journal* 25(3): 673-691.

Stiner, M. (2013). "An Unshakable Middle Paleolithic? Trends versus Conservatism in the Predatory Niche and Their Social Ramifications." *Current Anthropology* 54(S8): S288-S304.

Stiner, M. C. (2002). "Carnivory, Coevolution, and the Geographic Spread of the Genus Homo." *Journal of Archaeological Research* 10(1): 1-63.

Stockton, J. (1982). "Stone Wall Fish-Traps in Tasmania." *Australian Archaeology* 14(107-114).

Stout, D. (2002). "Skill and Cognition in Stone Tool Production: An Ethnographic Case Study from Irian Jaya." *Current Anthropology* 43(5): 693-722.

Tennie, C., D. R. Braun, L. S. Premo and S. P. McPherron (2016). The Island Test for Cumulative Culture in Paleolithic Cultures. *The Nature of Culture.* M. N. Haidle, N. Conard and M. Bolus. Netherlands, Springer: 121-133.

Tennie, C., J. Call and M. Tomasello (2009). "Ratcheting Up the Ratchet: On the Evolution of Cumulative Culture." *Philosophical Transactions of the Royal Society, London,* B 364: 2405-2415.

Tennie, C., L. Hopper and C. van Schaik (2021). On the Origin of Cumulative

Culture: Consideration of the Role of Copying in CultureDependent Traits and a Reappraisal of the Zone of Latent Solutions Hypothesis. *Chimpanzees in Context: A Comparative Perspective on Chimpanzee Behavior, Cognition, Conservation, and Welfare.* S. Ross and L. Hopper. Chicago, University of Chicago Press.

Tennie, C., L. S. Premo, D. R. Braun and S. P. McPherron (2017). "Early Stone Tools and Cultural Transmission: Resetting the Null Hypothesis, with Commentaries and a Response." *Current Anthropology* 58(5): 652-672.

Testart, A., R. Forbis, B. Hayden, T. Ingold, S. Perlman, D. Pokotylo, P. Rowley-Conwy and D. Stuart (1982). "The Significance of Food Storage among Hunter-Gatherers: Residence Patterns, Population Densities, and Social Inequalities [with Comments and Reply]." *Current Anthropology* 23(5): 523-537.

Thompson, J., S. Carvalho, C. Marean and Z. Alemseged (2019). "Origins of the Human Predatory Pattern: The Transition to Large-Animal Exploitation by Early Hominins." *Current Anthropology* 60(1): 1-23.

Tomasello, M. (1999). *The Cultural Origins of Human Cognition.* Cambridge, Harvard University Press.

Tomasello, M. (2014). A *Natural History of Human Thinking.* Cambridge, Harvard University Press.

Tomasello, M. (2016). A *Natural History of Human Morality.* Cambridge, Harvard University Press.

Tomasello, M., A. P. Melis, C. Tennie, E. Wyman and E. Herrmann (2012). "Two Key Steps in the Evolution of Human Cooperation: The Interdependence Hypothesis." *Current Anthropology* 53(6): 673-692.

Turchin, P. (2006). *War and Peace and War: The Life Cycles of Imperial Nations.* New York, Pi Press.

Watkins, T. (2008). "Supra-Regional Networks in the Neolithic of Southwest Asia." *Journal of World Prehistory* 21: 139-171.

Watkins, T. (2010). "New Light on Neolithic Revolution in South-West Asia." *Antiquity* 84: 621-634.

Watts, J., O. Sheehan, Q. D. Atkinson, J. Bulbulia and R. D. Gray (2016). "Ritual Human Sacrifice Promoted and Sustained the Evolution of Stratified Societies." *Nature* 532(7598): 228-231.

Wengrow, D. and D. Graeber (2015).

"Farewell to the 'Childhood of Man': Ritual, Seasonality and the Origins of Inequality." *Journal of the Royal Anthropological Institute* 21(3): 597-619.

Whallon, R. (2011). An Introduction to Information and Its Role in HunterGatherer Bands. *Information and Its Role in Hunter-Gatherer Bands*. R. Whallon, W. A. Lovis and R. Hitchcock. Los Angeles, UCLA/ Cotsen Institute of Archaeology Press: 1-28.

Whitehouse, H. (2016). "Cognitive Evolution and Religion: Cognition and Religious Evolution." *Issues in Ethnology and Anthropology* 3(3): 33-47.

Whitehouse, H. and J. Lanman (2014). "The Ties That Bind Us: Ritual, Fusion, and Identification." *Current Anthropology* 55(6): 674-695.

Wiessner, P. W. (2002a). "Hunting, Healing, and Hxaro Exchange: A LongTerm Perspective on !Kung (Ju/' hoansi) Large-Game Hunting." *Evolution and Human Behavior*. 23(6): 407-436.

Wiessner, P. W. (2002b). "The Vines of Complexity: Egalitarian Structures and the Institutionalization of Inequality among the Enga." *Current Anthropology* 43(2): 233-269.

Wiessner, P. W. (2014). "Embers of Society: Firelight Talk among the Ju/' hoansi Bushmen." *Proceedings of the National Academy of Sciences* 111(39): 14027-14035.

Wilkins, J. and M. Chazan (2012). "Blade Production 500 Thousand Years Ago at Kathu Pan 1, South Africa: Support for a Multiple Origins Hypothesis for early Middle Pleistocene Blade Technologies." *Journal of Archaeological Science* 39: 1883-1900.

Wilkins, J., B. Schoville, K. Brown and M. Chazan (2012). "Evidence for Early Hafted Hunting Technology." *Science* 338(16 November): 942-945.

Williams, G. C. (1966). *Adaptation and Natural Selection*. Princeton, Princeton University Press.

Woodfield, C. (2000). Traditional Aboriginal Uses of the Barwon River Wetlands. N. H. Trust, Inland Rivers Network.

Wrangham, R. (1999). "Evolution of Coalitionary Killing." *Yearbook of Physical Anthropology* 42: 1-30.

Wrangham, R. (2009). *Catching Fire: How Cooking Made Us Human*. London, Profile Books.

Wrangham, R. (2017). "Control of Fire in the Paleolithic: Evaluating the Cooking Hypothesis." *Current Anthropology* 58(S16): S303-S313.

Wrangham, R. (2018). *The Goodness Paradox.* Cambridge, Harvard University Press.

Wrangham, R. (2019). *The Goodness Paradox: How Evolution Made Us More and Less Violent.* London, Profile Books.

Wrangham, R., D. Cheney and R. Seyfarth (2009). "Shallow - Water Habitats as Sources of Fallback Foods for Hominins." *American Journal of Physical Anthropology* 140(4): 630-642.

Zeder, M. (2011). "The Origins of Agriculture in the Near East." *Current Anthropology* 52(S4): S221-S235.

Zeder, M. (2012). "The Broad Spectrum Revolution at 40: Resource Diversity, Intensification, and an Alternative to Optimal Foraging Explanations." *Journal of Anthropological Archaeology* 31(3): 241-264.

Zhu, Z., R. Dennell, W. Huaang, Y. Wu, S. Qiu, Z. Rao, Y. Hou, J. Xie, J. Han and T. Ouyang (2018). "Hominin Occupation of the Chinese Loess Plateau since about 2.1 Million Years Ago." *Nature* 559: 608-612.

未来，属于终身学习者

我们正在亲历前所未有的变革——互联网改变了信息传递的方式，指数级技术快速发展并颠覆商业世界，人工智能正在侵占越来越多的人类领地。

面对这些变化，我们需要问自己：未来需要什么样的人才？

答案是，成为终身学习者。终身学习意味着永不停歇地追求全面的知识结构、强大的逻辑思考能力和敏锐的感知力。这是一种能够在不断变化中随时重建、更新认知体系的能力。阅读，无疑是帮助我们提高这种能力的最佳途径。

在充满不确定性的时代，答案并不总是简单地出现在书本之中。“读万卷书”不仅要亲自阅读、广泛阅读，也需要我们深入探索好书的内部世界，让知识不再局限于书本之中。

湛庐阅读 App：与最聪明的人共同进化

我们现在推出全新的湛庐阅读App，它将成为您在书本之外，践行终身学习的场所。

- 不用考虑“读什么”。这里汇集了湛庐所有纸质书、电子书、有声书和各种阅读服务。
- 可以学习“怎么读”。我们提供包括课程、精读班和讲书在内的全方位阅读解决方案。
- 谁来领读？您能最先了解到作者、译者、专家等大咖的前沿洞见，他们是高质量思想的源泉。
- 与谁共读？您将加入优秀的读者和终身学习者的行列，他们对阅读和学习具有持久的热情和源源不断的动力。

在湛庐阅读App首页，编辑为您精选了经典书目和优质音视频内容，每天早、中、晚更新，满足您不间断的阅读需求。

【特别专题】【主题书单】【人物特写】等原创专栏，提供专业、深度的解读和选书参考，回应社会议题，是您了解湛庐近千位重要作者思想的独家渠道。

在每本图书的详情页，您将通过深度导读栏目【专家视点】【深度访谈】和【书评】读懂、读透一本好书。

通过这个不设限的学习平台，您在任何时间、任何地点都能获得有价值的思想，并通过阅读实现终身学习。我们邀您共建一个与最聪明的人共同进化的社区，使其成为先进思想交汇的聚集地，这正是我们的使命和价值所在。

浙江省版权局图字：11-2025-075

图书在版编目（CIP）数据

人类前史 /（澳）金·斯特瑞尼著；陈付强译 .
杭州：浙江科学技术出版社，2025. 8. — ISBN 978-7
-5739-1763-8

Ⅰ. Q981.1-49

中国国家版本馆 CIP 数据核字第 2025MJ2600 号

书　　名　人类前史
著　　者　[澳] 金·斯特瑞尼
译　　者　陈付强

出版发行　浙江科学技术出版社
地址：杭州市环城北路 177 号　邮政编码：310006
办公室电话：0571－85176593
销售部电话：0571－85062597
E-mail:zkpress@zkpress.com
印　　刷　河北鹏润印刷有限公司

开　　本	880mm×1230mm　1/32	印　　张	7.625
字　　数	158 千字	插　　页	1
版　　次	2025 年 8 月第 1 版	印　　次	2025 年 8 月第 1 次印刷
书　　号	ISBN 978-7-5739-1763-8	定　　价	109.90 元

责任编辑　余春亚　　　　责任美编　金　晖
责任校对　张　宁　　　　责任印务　吕　琰